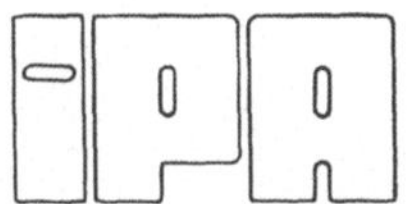

Forschung und Praxis · Band 68

Berichte aus dem Fraunhofer-Institut für Produktionstechnik und Automatisierung, Stuttgart, und dem Institut für Industrielle Fertigung und Fabrikbetrieb der Universität Stuttgart

Herausgeber: Prof. Dr.-Ing. H. J. Warnecke

Werner Eißler

Automatisierte Überwachungsverfahren für Fertigungseinrichtungen mit speicherprogrammierten Steuerungen

Mit 66 Abbildungen

Springer-Verlag
Berlin Heidelberg New York 1983

Dipl.-Ing. Werner Eißler
Fraunhofer-Institut für Produktionstechnik und Automatisierung (IPA), Stuttgart

Dr.-Ing. H. J. Warnecke
o. Professor an der Universität Stuttgart
Fraunhofer-Institut für Produktionstechnik und Automatisierung (IPA), Stuttgart

D 93

ISBN-13:978-3-540-12456-6   e-ISBN-13:978-3-642-82061-8
DOI: 10.1007/978-3-642-82061-8

Gesamtherstellung: Copydruck GmbH, Offsetdruckerei, Industriestraße 1-3, 7251 Heimsheim, Telefon 0 70 33/38 25-26
2362/3020-543210

<u>Geleitwort des Herausgebers</u>

Die Entwicklungen in der Produktionstechnik in den
letzten Jahrzehnten haben entscheidend zur positiven
wirtschaftlichen und sozialen Entwicklung in der
Bundesrepublik Deutschland beigetragen. Die Produkti-
vität konnte jedes Jahr um durchschnittlich etwa 3,5 %
gesteigert werden. Mechanisierung und Automatisierung wurden und werden stetig weiter vorangetrieben.
Während es sich bisher jedoch um Verbesserungen an einzelnen Maschinen und Anlagen sowie Verfahren handelte,
werden heute alle Unternehmensbereiche erfaßt, und man
ist bemüht, das gesamte System Unternehmen bzw. Produktionsbetrieb zu optimieren. Das klassische Bemühen um
Optimierung des Einsatzes und Zusammenwirkens der Pro-
duktionsfaktoren Mensch, Maschine und Material muß
heute erweitert werden, um die Berücksichtigung sozialer
Belange,gesetzlicher Auflagen, Probleme der Energieversorgung, schnellen Veränderungen an den Produkten und
auf den Märkten sowie Sicherung der Qualität und der
Lieferfähigkeit.

Von wissenschaftlicher Seite wird und muß dieses Bemühen
unterstützt werden durch die Entwicklung von Methoden
und Vorgehensweisen zur systematischen Analyse und Verbesserung des Systems Produktionsbetrieb. Hier ist heute
insbesondere auch der Fertigungsingenieur gefordert,
nicht nur einzelne Maschinen und Verfahren zu beherrschen,
sondern das gesamte komplexe System hinsichtlich der Ver-
knüpfung seiner Elemente durch zweckmäßigen Informations-
und Materialfluß. Beispielhaft seien dazu nur hinsichtlich des Informationsflusses die heute gegebenen Möglichkeiten der Datenerfassung und -verarbeitung in Ferti-
gungsplanung und -steuerung, an den einzelnen

Produktionsanlagen sowie im Qualitätswesen genannt.
Im Materialfluß geht es um richtige Auswahl und Einsatz von Fördermitteln, Förderhilfsmitteln sowie Anordnung und Ausstattung von Lägern. Der weiteren Automatisierung in der Handhabung von Werkstücken und
Werkzeugen sowie der Montage von Produkten wird in
nächster Zukunft allergrößte Aufmerksamkeit geschenkt
werden. Leistungsfähige Sensoren werden die Möglichkeiten dafür sehr stark vergrößern.

Die beiden vom Herausgeber geleiteten Institute, das
Institut für Industrielle Fertigung und Fabrikbetrieb
der Universität Stuttgart sowie das Fraunhofer-Institut
für Produktionstechnik und Automatisierung in Stuttgart,
arbeiten in grundlegender und angewandter Forschung
intensiv an den aufgezeigten Entwicklungen in der Produktionstechnik mit. Zur Umsetzung gewonnener Erkenntnisse wird die Schriftenreihe "IPA Forschung und Praxis"
herausgegeben. Der vorliegende Band setzt diese Reihe
fort, eine Übersicht über bisher erschienene Titel wird
am Schluß dieses Bandes gegeben.

Dem Verfasser sei für die geleistete Arbeit gedankt,
dem Springer-Verlag für die Aufnahme dieser Schriftenreihe in seine Angebotspalette und der Druckerei für
saubere und zügige Ausführung. Möge das Buch von der
Fachwelt gut aufgenommen werden.

                              Hans-Jürgen Warnecke

Vorwort

Das vorliegende Buch entstand während meiner Tätigkeit
als wissenschaftlicher Mitarbeiter am Fraunhofer-Institut
für Produktionstechnik und Automatisierung (IPA),
Stuttgart.

Herrn Professor Dr.-Ing. H.-J. Warnecke danke ich für
seine wohlwollende Unterstützung und Förderung meiner
Arbeit.

Mein Dank gilt in gleicher Weise Herrn Professor
Dr.-Ing. A. Storr für die Durchsicht der Arbeit und
die Übernahme des Mitberichtes.

Ferner danke ich allen Kollegen, die mich durch ihre
Mitarbeit und anregende Kritik unterstützt haben.
Mein besonderer Dank gilt meinen Mitarbeitern vom
Labor für Steuerungstechnik und angewandte Elektronik.

Stuttgart 1982   Werner Eißler

Inhaltsverzeichnis   Seite

<u>Abkürzungen und Formelzeichen</u>

A,B,C,D,Z	Antriebsglieder
A_1, A_2	Ausgangskanal einer SPS
$A_{\ddot{u}}$	zur Überwachung verwendeter SPS-Ausgang
ATAS	Automatisches-Taktzeit-Analyse-System
BDE	Betriebsdatenerfassung
Betr.VG	Betriebsverfassungsgesetz
bE	Grenztaster
bEXV, (bEXR)	Grenztaster Arbeitseinheit X, vordere (hintere) Endlage
bEXZ, (bEXA)	Grenztaster Arbeitseinheit X, Werkstückzuführung (-abnahme)
CNC	Computerized Numerical Control
DNC	Direct Numerical Control
$E_1 \ldots E_4$	Eingangskanal einer SPS
$E_{\ddot{u}}$	zur Überwachung verwendeter SPS-Eingang
GMW	gleitender Mittelwert
G_o, G_i, G_j, G_m	Programmschritte bei prozeßabhängigen Ablaufsteuerungen
HHS	Handhabungssystem
i,j,n,m	Zählvariable, Indizes
k	1024
MÜ	Maschinenüberwachung
MF	Maschinenfehler
MW	arithmetischer Mittelwert
NC	Numerical Control
PF	Produktfehler
PLC	Programmable Logic Controller (Firmenbezeichnung für eine SPS-Gerätefamilie, Fa. Allen-Bradley)
r	Korrelationskoeffizient
$S_1 \ldots S_7$	Signalgeber / Signale
S_A	Signalgeber Antriebsglied A
Si	Sicherung
SPS	speicherprogrammierte Steuerung
S_x	Varianz der Stichprobe x (Signalwerte x)
S_y	Varianz der Stichprobe y (Signalwerte y)
S_{xy}	Kovarianz der Signale x und y

T_A	Ausführungszeit
T_{G1}, T_{G2}	Grenzwerte der Zeitüberwachung
T_s	Störungsdauer
Tz_g	Maschinenzykluszeit bei Störung
Tz_u	Maschinenzykluszeit (ungestört)
t	Zeit
UNBEK	unbekannter Fehler
VPS	verbindungsprogrammierte Steuerung
V 24	standardisierte Datenschnittstelle
v	Variationskoeffizient
WZM	Werkzeugmaschine
X	beliebiges Zeichen
$\bar{x}$	arithmetischer Mittelwert (Zahlenwert)
x_i	Stichprobenwerte
$\bar{x}_{ig}$	gleitender Mittelwert (Zahlenwert)
Y_1, Y_2	Ausgangssignal
Y_U	Ausgangssignal bei Zeitunterschreitung
$Y_{\ddot{U}1}, (Y_{\ddot{U}2})$	Ausgangssignal bei Zeitüberschreitung Grenze 1 (Grenze 2)

1 Einleitung

1.1 Allgemeines

Rationelle Mittel- und Großserienfertigung ist gekennzeichnet
durch den Einsatz von leistungsfähigen, meist jedoch kapitalintensiven Fertigungseinrichtungen wie z.B. Transferstraßen, Bear-
beitungszentren, Montagelinien oder Sondermaschinen. Ihre Ausnut-
zung setzt zur Minimierung von technisch und organisatorisch bedingten Nebenzeiten eine aktuelle Erfassung der Auftragsdaten,
der maschinenbezogenen Zustandsdaten und eine möglichst direkte
Informationsdarstellung zur Fertigungsüberwachung voraus. Innerhalb der betrieblichen Hierarchie der Fertigungsüberwachung
sind Informationen über den Zustand von Fertigungseinrichtungen
mit unterschiedlichem Inhalt notwendig. Durch das Fehlen uni-
verseller Überwachungsgeräte und -verfahren bzw. den wirtschaftlichen Einsatz bedingt, werden in der Praxis unterschiedliche Erfassungs- und Darstellungsgeräte mit verschiedenem Zeitverhalten eingesetzt.
Die stürmische Entwicklung der elektronischen Steuerungstechnik
insbesondere auf dem Gebiet der hochintegrierten Halbleiterbau-
elemente wie Mikroprozessoren und komplexen Speichern, unterstützt
durch rapide Preissenkungen dieser Bauelemente sowie den Fort-
schritten bei speicherprogrammierten Steuerungen hat die Voraussetzungen für die Entwicklung und den Einsatz von leistungsfähigen
und kostengünstigen Überwachungssystemen geschaffen. Viele poten-
tielle Anwender sind sich im Unklaren über die für ihre Fertigung
geeigneten Überwachungssysteme, über die zu erwartenden Investi-
tions- und Betriebskosten spezieller Überwachungsgeräte sowie den
Anforderungen an den Ausbildungsstand der Maschinenführer und des
Wartungspersonals.
Wesentliche Voraussetzungen für eine rationelle Fertigung werden
zukünftig
- rechnergestützte Management-Informationssysteme,
- automatisierte Produktionssteuerungs- und Überwachungsverfahren und
- der Einsatz automatischer Fehlerdiagnose- und lernfähiger
  Überwachungssysteme einschließlich selbsttätiger Fehlerkorrektur
  bei z.B. Montagesystemen
sein, sowie als Folge davon ein steigender Bedarf an hochqualifi-

ziertem Wartungs- und Bedienpersonal /1,2,3/. Außerhalb der Anwendungsgebiete im Maschinenbau sind diese Forderungen für die elektrotechnische Industrie als Hersteller von Komponenten und Geräten sowie als Nutzer in der eigenen Fertigung bedeutungsvoll /4/.

Daraus müssen die Entwicklungsschwerpunkte

- maschinenorientierte, automatische Überwachungs- und Diagnosesysteme als Hilfsmittel für Bedien- und Wartungspersonal,
- automatische Maschinendatenerfassung für Management-Informationssysteme und
- automatisierte Überwachungssysteme zur Maschinenzustandsüberwachung

abgeleitet werden.

Die Erwartungen an automatische Maschinenüberwachungssysteme bezüglich ihrer Aufgaben im Produktionsprozeß und des Nutzens zeigt Bild 1.

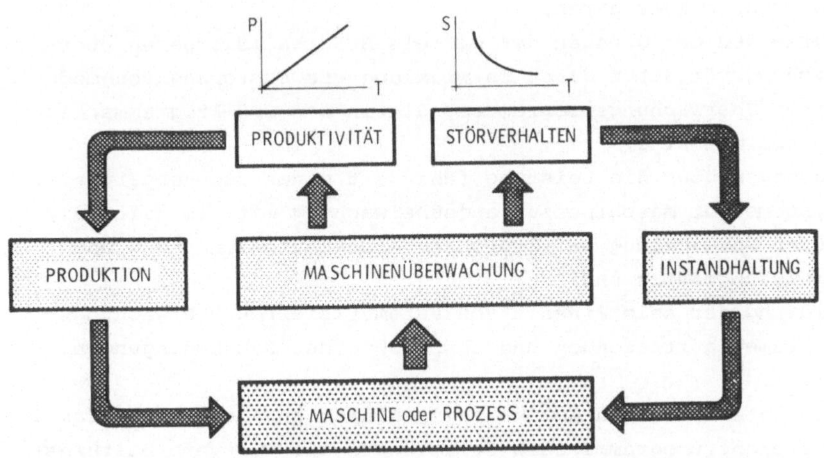

Bild 1: Aufgaben einer Maschinenüberwachung

1.2   Aufgabenstellung

Das Ziel dieser Arbeit ist die Entwicklung und der Einsatz von
Überwachungssystemen zur Maschinenfehlerdiagnose und -zustands-
überwachung an elektrisch gesteuerten Fertigungseinrichtungen.
Den Anforderungen und Verhältnissen der Praxis entsprechend sollen diese Untersuchungen an Steuerungseinrichtungen mit der
Struktur von prozeßabhängigen Ablauf- und Verknüpfungssteuerungen
durchgeführt werden. Diese Struktur wird wegen ihrer Übersichtlichkeit bei der Mehrzahl von Fertigungseinrichtungen wie Montagemaschinen, Schweißtransferanlagen, Rundschalttischen, einfachen Handhabungsgeräten sowie für die Funktionssteuerung bei
NC-/CNC- und DNC-Systemen verwendet. Im Vordergrund steht die
Realisierung der Steuerungs- und Überwachungsaufgaben mittels
speicherprogrammierten Steuerungen (SPS) unter den Bedingungen
eines Einsatzes vor Ort.
Einzelziele sind

- Analyse und Auswahl von Überwachungsverfahren für Fertigungs-
  einrichtungen,
- Beantwortung der Frage nach bei den bei SPS einsetzbaren
  Überwachungsverfahren,
- Aufzeigen der Grenzen der mittels SPS realisierbaren Über-
  wachungsverfahren durch Entwicklung und Erprobung von modu-
  laren Überwachungsprogrammen, die in den SPS-Programmspeicher
  integriert sind,
- Aussagen über die Leistungsfähigkeit eines rechnergeführten
  Systems zur Maschinenzustandsüberwachung mittels Zeitanalyse
  durch Entwicklung und Erprobung eines Aufzeichnungs- und
  Analysengerätes und
- Klärung der beim Einsatz von automatisierten Überwachungs-
  systemen auftretenden und zu beachtenden Randbedingungen.

Diese Untersuchungen sollen beispielhaft an einer Gerätefamilie
von speicherprogrammierten Steuerungen mit Wortverarbeitungsstruktur sowie einem zu entwickelnden Zeitanalysegerät im Labor
und im praktischen Industrieeinsatz durchgeführt werden.

1.3   Begriffsdefinitionen

Zum Verständnis dieser Arbeit erscheint es zweckmäßig in Anlehnung an die einschlägige Literatur /5,6,7,8,9,1o,11,12,13/ die wichtigsten Begriffe vorzustellen.

Unter Fehler werden unzulässige Abweichungen eines Merkmals (Eigenschaft) verstanden.
Steuerungsfehler und/oder Maschinenfehler sind funktionelle Auswirkungen beliebiger Ursachen, die zu einem nicht aufgabengemäßen Verhalten der Steuerung und/oder Maschine führen.

Überwachen heißt kontinuierlich oder intermittierend prüfen. Das Ergebnis der Überwachung ist die Entscheidung, ob fehlerhaftes Verhalten oder ein fehlerhafter Zustand eines Baugliedes, einer Arbeitseinheit, einer Arbeitsmaschine der Fertigungsanlage oder der Fertigungsanlage selbst vorliegt oder nicht.

Unter Fehlerdiagnose wird die Fehlererkennung, -spezifikation (Art, Ursache) und -lokalisierung (Ort) verstanden.

Interne Fehlerdiagnose wird zur Überwachung von Baugruppen innerhalb der Steuerung,
externe Fehlerdiagnose zur Überwachung der Steuerungsperipherie (Stellglieder und Signalgeber) sowie der zu steuernden Anlage verwendet.

2   Grundlagen automatisierter Überwachung

2.1   Stand der Technik

Durch den zunehmenden Einsatz von "intelligenter Elektronik"
auf allen Gebieten der industriellen Produktionstechnik sind neue
Methoden und numerisch aufwendige Verfahren zur Maschinenüberwachung möglich geworden. Diesem Aufgabenkomplex kommt immer grös-
sere Bedeutung zu, die Grenzen und Möglichkeiten sind noch nicht
abzusehen.
Folgende Bereiche lassen sich unterscheiden:

- Prozeßüberwachung /14,15,16,17,18,19,36/,
- Prüf- und Diagnosesysteme an Werkzeugmaschinen /13,20,21,22,23,
  24,25,26,27,28,29,30/,
- Zustandsüberwachung insbesondere durch Überwachung des Schwingungsverhaltens /8,31,32,33,34,37/ und
- Erfassung technischer Betriebsdaten (BDE, allgemein und bei
  rechnergeführten Fertigungsanlagen) /35,38,39,40,41,42,43,44,
  45,46,47,48,49/.

2.1.1   Zur Prozeßüberwachung

Die Steuerung und Regelung von technischen Prozessen wurde in
den letzten Jahren durch den Einsatz von Prozeßrechnern und
Mikrocomputern kontinuierlich verbessert /17/. Durch weitge-
hende Automatisierung wurde erreicht, daß Prozesse von immer
weniger Personal bedienbar wurden. Gleichzeitig wurde durch Verwendung von Bauelementen mit höherer Zuverlässigkeit, durch
Funktionssicherung mittels Ersatzgeräten und redundanten Systemen, durch Beachtung der Regeln zur elektromagnetischen Ver-
träglichkeit, durch strukturelle Maßnahmen wie z.B. dezentrale,
prozeßnahe Signalverarbeitung und hierarchische Systeme sowie
durch die Verwendung von Prüf-, Sicherungs- und Simulations-
programmen ein hoher Grad von Funktions- und Gefahrensicherheit
erreicht.
Durch Überwachung können gefährliche Zustände erkannt und recht-
zeitig Maßnahmen zur Überführung des Systems in einen für Mensch
und/oder Material weniger gefährlichen Zustand eingeleitet werden.

Am weitesten fortgeschritten ist die Prozeßüberwachung bei Prozessen mit höchsten Anforderungen an Zuverlässigkeit und Sicherheit wie z.B. Flugsystemen und Kernkraftwerken. In der Energie-, Verfahrens- und Fertigungstechnik sind bisher Anstrengungen zur Verbesserung der Überwachung besonders bei kapitalintensiven Einrichtungen zu beobachten, aber auch bei kleineren Anlagen wird eine Überwachung mit dem Ziel einer frühzeitigen Fehlererkennung im Rahmen der Verbesserung der Zuverlässigkeit immer bedeutender. Eine Auswahl von prozeß- und methodenorientierten Verfahren wird in /14/ angegeben. Grundlage zur Anwendung dieser Verfahren ist ein theoretisch, experimentell oder mit den Hilfsmitteln der Prozeßidentifikation gewonnenes mathematisches Modell für das statische und dynamische Systemverhalten /19/.
Auf dem Gebiet der Prozeßüberwachung an Produktionsmaschinen sind Verfahren bekannt, bei dem durch Zusatzsensoren einzelne, für bestimmte Störungen charakteristische Größen erfasst werden /15,16, 36/. Durch Grenzwertvergleich werden bei Überschreiten Schaltsignale beispielsweise zum Abschalten der Fertigungsmaschine erzeugt. Auf diesem Verfahren basierende Geräte werden an schnelllaufenden, mechanisch gesteuerten Produktionsautomaten zum Bolzenpressen, Gewindewalzen, Rundkneten und Stanzen eingesetzt.

2.1.2   Zu Prüf- und Diagnosesystemen an Werkzeugmaschinen (WZM)

Zur Überwachung von Werkzeugmaschinen sind folgende Modelle geeignet, die in /13/ untersucht und beschrieben werden:

- Funktionsmodell
- Parametermodell
- Flußmodell.

Bei der Überwachung nach dem Funktionsmodell wird die Maschinenfunktion in Funktionsblöcke unterteilt, wobei jeder Block eine Teilfunktion darstellt. Die gesamte Fertigungseinrichtung wird in Stationen, Einheiten, Baugruppen und Bauelementen eingeteilt und die Gesamtfunktion durch Teilfunktionsblöcke beschrieben. Bei

ähnlichen Teilfunktionsblöcken läßt sich dabei durch Reduktions-
algorithmen der Aufwand zur Symptomerfassung verringern. An der
beschriebenen Bearbeitungsmaschine wird die Ausführungszeit der
überwachten Funktionen als Kriterium zur Fehlererkennung verwendet. Diese Art der Funktionsüberwachung wird auch als Zeitüberwachung bezeichnet, weil ohne zusätzliche Sensoren nur über Zeit-
vergleich Fehlermeldungen ableitbar sind. Als Überwachungsgerät
wurde ein externer Prozeßrechner mit Datenein-/ausgabeperipherie
und einem Parallel-Interface als Anpassungselement zur überwachten
Maschine verwendet.
Ein auf dem Funktionsmodell basierendes Mikroprozessor-gestütztes
Überwachungsgerät zur Zeitüberwachung wird in /21,22,23/ beschrieben.

Beim Parametermodell wird das dynamische Verhalten eines Maschi-
nenelementes oder einer Baugruppe mathematisch beschrieben. Die
Leistungsfähigkeit dieses Verfahrens ist umso besser, je genauer
die Prozeßanalyse des überwachten dynamischen Prozesses durchgeführt werden kann. Einheitliche Regeln für den Aufbau von Para-
meterüberwachungen können nicht gegeben werden. Gegenüber dem
Funktionsmodell ist zur Realisierung ein größerer Rechenaufwand
in Echtzeitbetrieb samt entsprechenden zusätzlichen Sensoren zur
Bestimmung der Prozeßparameter notwendig. Im Bereich der Fertigungstechnik ist der Einsatz dieses Verfahrens nur bei den, die
Verfahrenstechnik tangierenden Randgebieten zu erwarten.

Bei der Überwachung nach dem Flußmodell muß die Maschine auf zur
Modellbildung geeignete Flußgrößen, wie beispielsweise Leistung,
Kraft, Temperatur, Material untersucht werden. Voraussetzung dazu ist ein stationärer Betriebszustand mit bekannter oder meß-
barer Verteilung dieser Flußgrößen. Technisch erfordert dies Meß-
einrichtungen mit zusätzlichen Sensoren, die an entsprechenden
Stellen der Maschine eingebaut werden. Als Beispiel sei der Ein-
bau eines Temperatursensors in die Kolbenstange eines Vorschuban-
triebes genannt.

Der Einsatz von <u>speicherprogrammierten Steuerungen (SPS)</u> ermöglicht neue Wege zur Überwachung und Fehlerdiagnose. Während
bei herkömmlichen verbindungsprogrammierten Steuerungen (VPS)
zusätzliche Überwachungs- und Diagnosefunktionen aufwendig gerätetechnisch gelöst werden müssen, sind Teilfunktionen der Überwachung und Diagnose bei SPS durch Programmieren realisierbar.
Die Taktzeitüberwachung läßt sich kostengünstiger gestalten und
wird bei einer entsprechenden Ausbaustufe der Steuerung für eine
gezielte Fehlerfindung besonders bedeutungsvoll /24,25/.
Umfangreiche automatische Störungsdiagnosen mit Fehlerortangaben
sind bei einer Kopplung SPS mit einem Prozeßrechner möglich /28,
29/. Aus wirtschaftlichen Gründen sind solche Systeme zur Zeit
noch auf Anlagen der Großserienfertigung beschränkt. Dabei werden zeitkritische Abläufe und Steuerfunktionen auf der SPS-
Ebene und zeitunkritische Abläufe wie Diagnosen, Statistiken
und Materialfluß auf der Prozeßrechnerebene abgearbeitet.
Neuere speicherprogrammierte Steuerungen der zweiten Generation
mit Wort-Prozessoren verfügen neben einer großen Zahl von Zählern
und Zeitgliedern, intern oder durch Zusatzbaugruppen realisiert
auch über Wort-Transfer-, beschränkte Arithmetik- und Klartext-
protokollfunktionen. Somit ist auch die Möglichkeit zur Erfassung
und Dokumentation von Produktionsdaten gegeben /26,27/. Von einzelnen Anwendungsbeispielen abgesehen, sind keine allgemeingülti-
gen Lösungskonzepte bekannt.
Ein Sonderfall eines externen Diagnosesystems für SPS-gesteuer-
te Maschinen wird in /30/ beschrieben. Ausgehend von der begrenz-
ten Leistungsfähigkeit der SPS wurde ein Diagnosesystem auf der
Basis eines separaten Mikrorechners zum Einsatz an unterschiedlichen Maschinen realisiert. Dieses System dient der Fehlerlokali-
sierung nach eingetretenem Störfall und ist als eigenständiges
Diagnosesystem zu sehen, da keine Hardware-Kopplung zur SPS existiert und Informationen durch den Servicemann eingegeben werden
müssen. Hierbei wird zur Beschreibung die Zustandsgraphen-Metho-
de verwendet.

2.1.3 Zur Zustandsüberwachung

Der Begriff "Zustandsüberwachung" wird in der Literatur in unterschiedlichem Sinne verwendet. Als Zustände innerhalb und an Fertigungseinrichtungen sind unterscheidbar:

- Maschinenstellungsbezogene Zustände, d.h. der momentane Zustand von Baugliedern wie z.B. Grenztaster betätigt, Motor läuft,
- innerer Zustand dieser Bauglieder, z.B. Kontakte korrodiert, Motorkollektor abgenützt und
- Maschinenzustand im Sinne der Maschinenerhaltung z.B. Neuzustand, erreichter Optimierungszustand, Wartungszustand.

Maschinenstellungsbezogene Zustände stellen die Rückmeldesignale von der Maschine an die Steuerung dar. Bei der Fehlerdiagnose wird von solchen Signalen auf fehlerhaftes Verhalten von Baugliedern geschlossen. Über den inneren Zustand dieser Bauglieder kann eine Aussage nur mittels zusätzlicher Sensoren gemacht werden /37/. Dabei hat sich besonders die Überwachung des Schwingungsverhaltens als hilfreich erwiesen, da sich Fehler und anbahnende Schäden frühzeitig in einer Änderung des Schwingungsbildes äußern /31,32,33,50,51/.
Voraussetzung zur Anwendung dieser Verfahren sind periodische Signale, die mit zusätzlichen Sensoren erfaßt und durch Frequenzanalyse ausgewertet werden. Somit können mit diesen Verfahren bei Fertigungseinrichtungen nur einzelne Baugruppen wie Motoren, Getriebe, Lager überwacht werden /33,34/.
Aussagen über den Maschinenerhaltungszustand werden durch Auswertung der bei der technischen Betriebsdatenerfassung gewonnenen Informationen sowie den Aufzeichnungen des Bedien- und Wartungspersonals ermöglicht.

2.1.4   Zur Erfassung technischer Betriebsdaten

Bei der Betriebsdatenerfassung (BDE) werden technische Daten
wie beispielsweise Maschinenstörung, Stückzahlen und organisatorische Daten unterschieden. Moderne BDE-Systeme sind
gekennzeichnet durch die Datenerfassung am Ort ihrer Entste-
hung und dem Bestreben von manuellen Eingaben in Datentermi-
nals zugunsten automatischer Datengewinnung abzugehen (programmierbare automatisierte Primär-Datenerfassung) /38,39,40,
41/.
Veröffentlichungen über hochautomatisierte Fertigungseinrichtungen wie NC-, CNC- und DNC-Systeme befassen sich mit der In-
formationsfluß-Gestaltung sowie der Materialfluß-Steuerung
/42,43,48,49/. Besondere Anforderungen an die Automatisierung
des Informationsrückflusses werden bei flexiblen Fertigungssystemen (FFS) erforderlich /44,45/. Da an den einzelnen Maschinen eines flexiblen Fertigungssystemes kein Bedienpersonal
vorhanden ist, muß ein BDE-System zusätzlich zur Dokumentation
des Fertigungsprozesses Überwachungsaufgaben der Systemkompo-
nenten und der technischen und organisatorischen Steuerdaten
einbeziehen /46/. Kennzeichen solcher leistungsfähiger Fertigungsanlagen ist ein zentraler Prozeßrechner und/oder mehrere
dezentral, über Bus-Leitungen gekoppelte Mikrorechner /47/.

2.2   Überwachungsverfahren für Fertigungseinrichtungen

2.2.1   Allgemeines zur Prozeßüberwachung

Technische Prozesse, gekennzeichnet durch die Wandlung und/oder
Transport von Materie, Energie und/oder Information werden durch
rasche technische Entwicklung als Folge von Nachfrage und Wett-
bewerb zunehmend komplexer (1)/79/. Die Forderung an Wirtschaft-
lichkeit, Produktqualität und Bedienung durch weniger Personal
sind durch Automatisierung möglichst vieler Teilprozesse, durch
Steigerung der Zuverlässigkeit der Anlagenkomponenten und durch
geeignete Strukturen der Prozesse selbst erreichbar.
Bei der Prozeßüberwachung stellt sich die Aufgabe sich anbahnende
und/oder bereits eingetretene Fehler so frühzeitig zu erkennen,
damit noch genügend Zeit und Möglichkeiten bleiben, um das System
durch geeignete Maßnahmen in einen weniger gefährlichen Zustand
überführen zu können und so Schäden zu vermeiden.
Die Prozeßüberwachung läßt sich je nach Art der Störungsanalyse,
in drei Klassen einteilen /17,52/:
- nachträgliche Störungsanalyse (post-mortem Analyse),
- gegenwärtige Störungsanalyse (mitlaufende Überwachung) und
- vorhersagende Störungsanalyse (prädikative Analyse).

Legt man als Einteilungskriterium die Art der verwendeten Signale zugrunde, so können unterschieden werden /13,18/:

- passive Verfahren, die ausschließlich Signale aus dem Prozeß
  benutzen,
- aktive Verfahren, die zusätzliche Testsignale in den Prozeß
  einbringen,
- deterministische Verfahren, die aus den Prozeßsignalen aufgrund von in jedem Einzelfall festgelegten Regeln oder
  Gleichungen reproduzierbar die Art und Ursache der Störung
  ermitteln,
- stochastische Verfahren, die mit statistischen Schwankungen
  sowohl der Signale als auch von Zusammenhängen arbeiten
  müssen und deshalb Näherungslösungen erbringen,

---

(1) Kennzeichen dieser Prozesse sind physikalische Größen als
    Zustandsgrößen, die gemessen, gesteuert und/oder geregelt
    werden können.

- direkte Verfahren, die aus Meßsignalen direkt die Ermittlung
  durchführen,
- indirekte Verfahren, die ein mathematisches Modell mit den
  Meßsignalen beaufschlagen und das Modellverhalten zur Fehlererkennung untersuchen,
- Post-mortem-Verfahren, die nach der Außerbetriebnahme auf-
  gezeichnete Signale untersuchen,
- Echtzeitverfahren, die schritthaltend arbeiten und
- Prädikationsverfahren, die vorhersagend arbeiten (z.B. Fehlerfrüherkennung).

Alle diese Verfahren sind allein oder kombiniert verwendbar um
die Eigenschaften von technischen Prozessen zu ermitteln.
Die auszuwertenden Prozeßdaten und -signale sind überwiegend zeitabhängige Größen, zu denen alle Meßwerte über Prozeßein- und
-ausgänge einschließlich Stellgrößen und Umwelteinflüssen gehören
sowie binäre Angaben beispielsweise über Schalterstellungen. Jeder technische Prozeß hat physikalische und chemische Grundlagen,
aus denen sich mathematische Zusammenhänge zwischen den Prozeßgrößen zumindest näherungsweise herleiten lassen, in anderen
Fällen lassen sich die deterministischen Zusammenhänge empirisch
bestimmen. In jedem Prozeß spielen sich aber auch stochastische
Vorgänge ab, über die sich nur Wahrscheinlichkeitsaussagen mit
statistischen Methoden machen lassen. Hierzu gehören unkontrol-
lierbare und meßtechnisch schwierig zu erfassende Einflüsse auf
den Prozeß, wie Verschleiß von Lagern, Werkzeugbruch, Werkstoff-
toleranzen und Meßfehler sowie Einflüsse des Bedien- und Wartungspersonals. Die Integration stochastischer Verfahren in ein Überwachungssystem kann insbesondere gegenseitige Abhängigkeiten
zwischen den Prozeßgrößen auswerten, wenn diese zwar nicht direkt
physikalisch meßbar, aber dennoch für den normalen Betriebszustand
oder für einzelne Störzustände charakteristisch sind. Nachfolgend
sollen Verfahren, die sich besonders für den Einsatz in der
Fertigungstechnik eignen, herausgearbeitet werden.

2.2.2 Einflußgrößen bei Fertigungseinrichtungen

Mechanische Fertigungseinrichtungen unterliegen unterschiedlichen Einflußgrößen (Bild 2). Es können interne Einflüsse d.h.
Einflüsse ausgehend von der Maschine, der Maschinensteuerung
und/oder von Hilfsaggregaten und externe Einflüsse verursacht
durch Energieversorgung, Umgebungsbedingungen, produktspezifi-
sche Eigenschaften sowie Bedienungs- und Wartungspersonal und
Einflüsse des Werkstücktransportes (Zuführung, Abnahme) unterschieden werden /95/. Diese Einflußgrößen können deterministi-
scher oder stochastischer Natur sein.

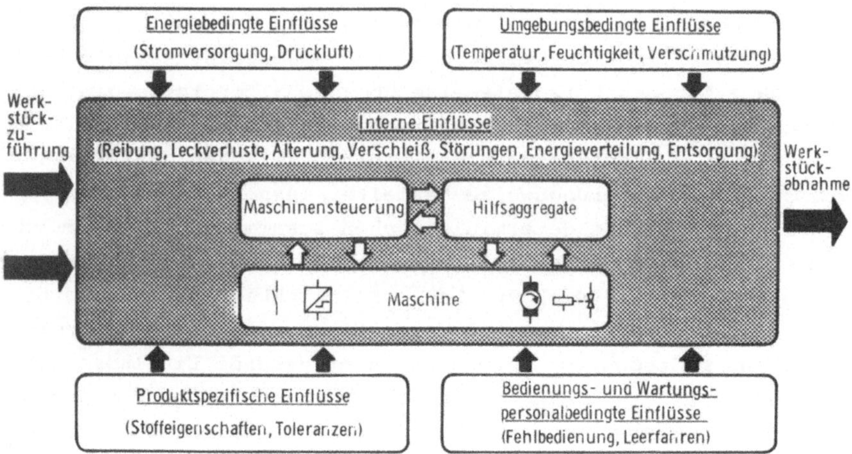

Bild 2: Einflußgrößen bei Fertigungseinrichtungen

2.2.3 Grundlagen der Maschinenüberwachung

Für die automatische Überwachung einer Fertigungseinrichtung im
Betrieb, nachfolgend Maschinenüberwachung (MÜ) genannt, sind
aktive und post-mortem Überwachungsverfahren wenig geeignet. Die
Einbringung von Testsignalen ist wegen möglichen Einwirkungen
auf das Produkt nur intermittierend in Nebenzeiten möglich. Post-
mortem Verfahren sind nicht geeignet, die Selbstzerstörung einer
Maschine zu verhindern. Indirekte Verfahren sind wegen der Vielzahl von unterschiedlichen Maschinen modellmäßig schlecht nach-
bildbar. Besonders geeignet scheinen passive Verfahren, bei denen
sich aus ohnehin an der Maschine vorhandenen Sensorsignalen (z.B.
von Grenztastern, Druckwächtern) d.h. ohne zusätzliche Sensoren
im Echtzeitbetrieb nach deterministischen Regeln Informationen
über den Maschinenzustand gewinnen lassen.
An ein Maschinenüberwachungssystem werden grundsätzlich folgende
Forderungen gestellt:

- Vermeidung von abnormalen Betriebszuständen wie Stillstände
  bzw. Störungen,
- möglichst frühzeitige Erkennung und Vorhersage sich anbahnen-
  der Fehler (Fehlerfrüherkennung),
- (bei bereits eingetretenen Fehlern) schnelle Fehlerspezifikation und -lokalisierung zur Verkürzung der Ausfallzeit insbesondere durch Verkürzung der Fehlersuchzeit (1) und
- keine Rückwirkung des Überwachungssystems auf die zu überwachende Maschine.

---

(1) Erfahrungswerte aus der KFZ-Industrie beim Einsatz von SPS
    besagen, daß rund 95 % aller Fehler außerhalb der Steuerung
    d.h. in der Peripherie auftreten. Davon wird rund 80 % der
    zur Fehlerbeseitigung erforderlichen Zeit für die Fehler-
    suche aufgewendet /28,53/.

Die erforderlichen Maßnahmen lassen sich in die <u>Maschinenfehlerdiagnose</u> und die <u>Maschinenzustandsüberwachung</u> einteilen (Bild 3). Gemeinsam ist das Ziel, abnormale Betriebszustände zu vermeiden. Hauptziel einer Fehlerdiagnose ist die Fehlerspezifikation und -lokalisierung zur Verkürzung der Fehlersuchzeit. Bei der Maschinenzustandsüberwachung steht die Gewinnung von maschinenspezifischen Zustandsdaten zur Fehlerfrüherkennung und -vorhersage sowie zur technischen Zustandsübersicht für Instandhaltungs- und Planungsmaßnahmen im Vordergrund. Die Forderung nach Rückwirkungsfreiheit kann durch technische Maßnahmen wie Entkopplung sowie galvanische Trennung erreicht werden.

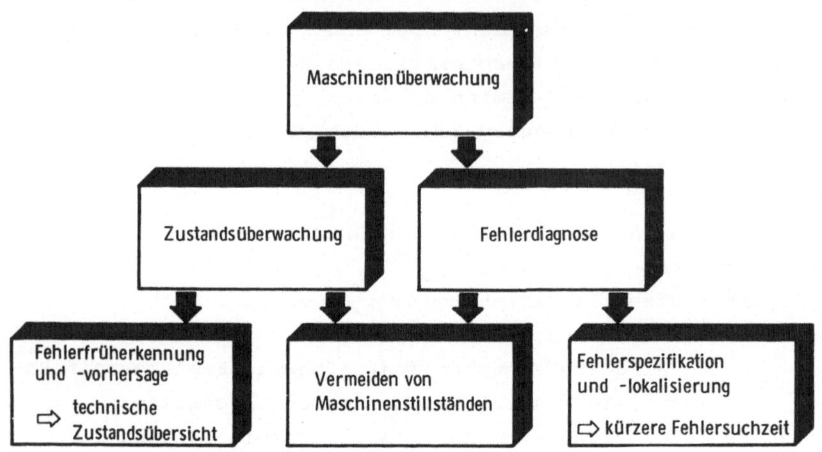

Bild 3: Teilfunktionen der Maschinenüberwachung

2.2.3.1 <u>Grundprinzip bei der Entwicklung von Systemen zur Fehlerdiagnose</u>

Voraussetzung zur Entwicklung von Systemen zur Fehlerdiagnose an Fertigungseinrichtungen ist die Gewinnung von <u>mathematischen Modellen</u> für das statische und dynamische Verhalten der Systeme. Die mathematischen Modelle sind auf theoretischem oder experimentellem Weg gewinnbar. Besondere Bedeutung für technische, biologische, ökonomische und ökologische Prozesse haben dabei Verfahren der Prozeßidentifikation erlangt /19/. Durch Vergleich des maschinenspezifischen Modells (Sollverhalten) mit dem Istverhalten der Maschine wird vom Überwachungssystem ein abnormales Verhalten der Maschine als eine Reihe von Sollwertabweichungen, sogenannten Symptomen registriert (s. Bild 4). Diese Symptome weisen auf einen Fehler in der Fertigungseinrichtung hin. Anhand von einzelnen Symptomen oder Symptombildern kann der, die Symptome verursachende Defekt herausgefunden werden. Die Genauigkeit der Fehlerdiagnose hängt dabei entscheidend von der Genauigkeit der Modellermittlung ab. Ein typischer Defekt mit seinem Symptombild ist in Bild 4 eingetragen.

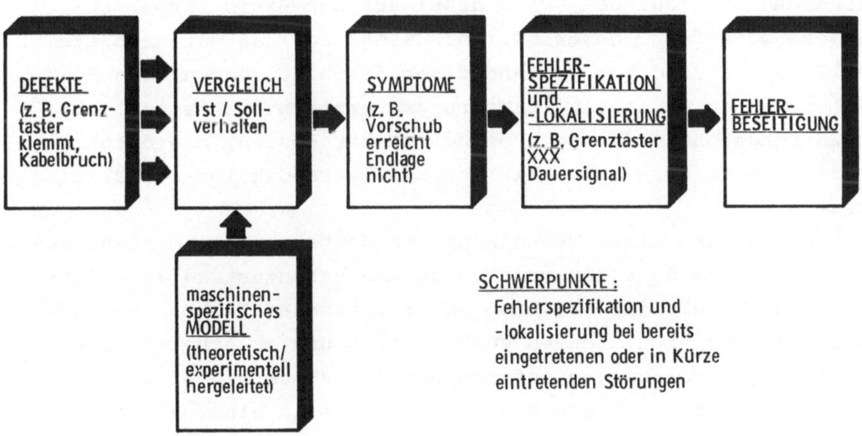

Bild 4: Entwicklung von Systemen zur Fehlerdiagnose
      (Prinzipdarstellung)

2.2.3.2 Grundprinzip bei der Entwicklung von Systemen zur Zustandsüberwachung

Unter dem Begriff Maschinenzustandsüberwachung werden diejenigen Maßnahmen verstanden, die von den Maschinenbetreibern getroffen werden, um Maschinenschäden und damit kostspieligen Ausfällen vorzubeugen oder deren Häufigkeit soweit wie möglich herabzusetzen /31,33/. Dies schließt eine möglichst frühzeitige Er-

kennung von Unregelmäßigkeit der Gesamtmaschinenfunktion oder
Teilfunktionen ein, die Auswirkungen auf das Produkt selbst
haben. In der Vergangenheit beschränkte man sich dabei auf
routinemäßige Maßnahmen wie Inspektion in festen Zeitabständen,
damit verbundene regelmäßige Überholungen sowie vorbeugendes
Auswecheln besonders beanspruchter Komponenten /5,6/. Die Zeit-
intervalle, in denen diese Arbeiten durchzuführen sind, werden
auf der Grundlage des Minimums der angenommenen oder erfahrungs-
gemäßen Lebensdauer dieser Teile festgelegt.
In neuerer Zeit gewinnt die Schadensverhütung durch Fehlerfrüherkennung und Zustandsüberwachung von Maschinen oder gesamten In-
dustrieanlagen an Bedeutung. Der Beschluß, eine Maschine zur
Überholung stillzulegen, wird dabei auf der Basis ihres "Zu-
standes" getroffen. Unter der Voraussetzung, daß man sich ein
zuverlässiges Bild vom Zustand einer Maschine während des Betriebes machen kann, sind Ersparnisse erzielbar hinsichtlich
der Wartungskosten als auch bezüglich der Kosten, die durch un-
erwartete Betriebs- und damit verbundene Produktionsausfälle
entstehen.
Der Grundgedanke einer Maschinenzustandsüberwachung besteht darin, Kenntnisse über den momentanen Maschinenzustand zu erlan-
gen mit dem Ziel, die Maschine unter wirtschaftlichen Bedingungen und in sicheren Grenzen zu betreiben und zu erhalten sowie
unzulässige Einwirkungen auf das Produkt zu verhindern. Dies
setzt voraus, daß zum einen das Vorhandensein einer Maschinenun-
regelmäßigkeit und zum anderen die Ursache selbst detektiert
werden kann.
Bei dieser Art der Schadensverhütung besteht die Schwierigkeit
darin, zuverlässige Informationen über den momentanen Betriebszustand der betreffenden Maschine zu erhalten.
Bei ständigem Vorhandensein von Bedienpersonal konnte ein Maschinenfehler schon frühzeitig durch veränderte Laufgeräusche
festgestellt und so durch Ersatz schadhafter Teile ein Maschinen-
ausfall vermieden werden. Die Wartungstechniker und das Bedienpersonal hatten "ein Ohr" für das veränderte Verhalten. Wenn sich
aber nicht ständig Techniker bei der Maschine aufhalten, gehen
die Informationen verloren. Gerade bei hochautomatisierten Einrichtungen muß deshalb dem Wartungsingenieur eine Methode und

ein Gerätesystem zur Ausnützung dieser Informationen zur Verfügung stehen. Das dabei verwendete Grundprinzip ist nicht neu,
haben doch Wartungsingenieure immer ihre eigenen Sinnesorgane
zur Beurteilung der Maschinenzustände verwendet. Bekannte und
bewährte Methoden sind Sichtprüfung, Geruchs-, Geräusch- und
Vibrationsfeststellung, Betriebsstundenzählung und laufende
Kontrolle von Betriebsparametern wie Öldruck, Temperatur oder
anderen Zustandsgrößen sowie Rückschluß auf Maschinendefekte
aufgrund von fehlerhaften erzeugten Produkten.
Das Grundprinzip einer Maschinenzustandsüberwachung (s. Bild 5)
besteht darin, eine oder mehrere für die betreffende Maschine
oder Baueinheit charakteristische Größe(n) zu erfassen, mit maschinenspezifischen Urdaten zu vergleichen und Abweichungen zu
beurteilen und daraus ggf. Maßnahmen abzuleiten. Bei prozeßabhängigen Ablauf- und Verknüpfungssteuerungen bietet sich dabei die
Ausführungszeit als direkt meßbare Maschinenzustandsgröße an. Ma-
schinenspezifische Urdaten werden im Neuzustand der Maschine oder
nach beendetem Maschinenanlauf aufgezeichnet. Periodische oder
unregelmäßige oder bei Verdacht einer Unregelmäßigkeit gezielt
gemachte Aufzeichnungen werden mit den gespeicherten Urdaten verglichen. Bei nicht vorhandenen oder sehr geringen Abweichungen
dienen diese Aufzeichnungen als Ergänzung der Urdaten und Dokumentation des Maschinenzustandes im betreffenden Zeitraum. Treten
Abweichungen auf, so müssen diese beurteilt werden und ggf. so-
fortige oder zeitlich auf produktionsfreie Zeit verschiebare
Maßnahmen zur Behebung oder zusätzlich Überprüfungmaßnahmen durchgeführt werden. Die Beurteilung kann manuell oder automatisch im
Auswerterechner erfolgen.

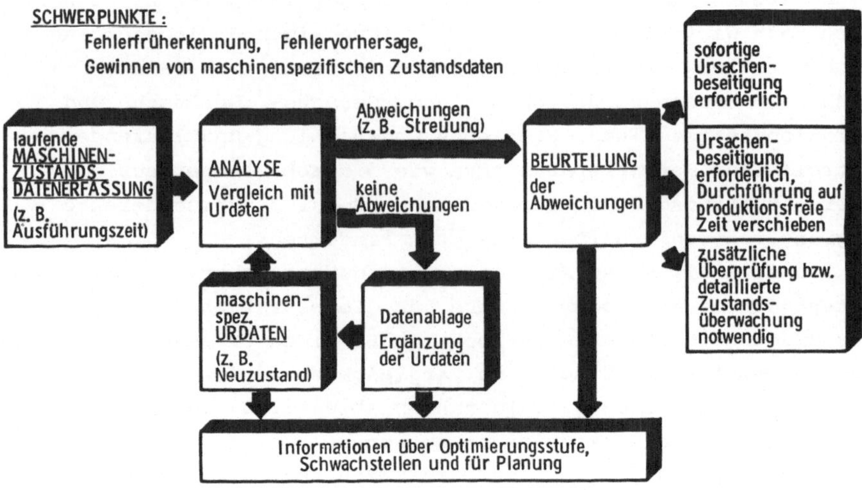

Bild 5: Entwicklung von Systemen zur Maschinenzustandsüberwachung (Prinzipdarstellung)

Generell treten an Fertigungseinrichtungen die folgenden allgemeinen Maschinenzustände auf:

- Neuzustand (Maschinenfunktion wird erfüllt, niedrige Opti-
  mierungsstufe),

- Zustand nach Beendigung der Hochlaufphase (hohe Optimie-
  rungsstufe),

- Zustände während Benützungszeit (starke oder schleichende
  Änderungen),

- Zustand nach Reparatur bzw. Änderung oder Generalüberholung
  und

- Zustand am Ende der Lebensdauer /37/.

Bei prozeßabhängigen Ablauf- und Verknüpfungssteuerungen äußern
sich diese Zustände in unterschiedlichen Ausführungszeiten für
den gesamten Maschinenzyklus bzw. von einzelnen Teilfunktionen.

2.2.3.3 Vergleich der Methoden zur Fehlerdiagnose und Zustandsüberwachung

Bild 6 zeigt einen Vergleich der Methoden zur Zustandsüberwachung und zur Fehlerdiagnose. Besondere Merkmale sind, daß die Aussagegenauigkeit bei einer Fehlerdiagnose von der Genauigkeit des zur Diagnose verwendeten Modells abhängig ist, hingegen sind bei der Zustandsüberwachung bei der Auswahl der Überwachungsgröße und ggf. bei Abweichungen technologische Kenntnisse der betreffenden Maschinen- und Steuerfunktionen notwendig.

	ZUSTANDSERFASSUNG/ TRENDBEOBACHTUNG	ZUSTANDSPRÜFUNG/ INSPEKTION	FEHLERDIAGNOSE
Zeitpunkt der Messungen / Ergebnisse	regelmäßige Messungen an der Maschine in kurzen Zeitabständen während des Betriebes	Inspektion in größeren Zeitabständen während des Betriebes	nach eingetretener Störung bzw. nach Auftreten meßbarer Symptome
qualitative Ergebnisse	subjektive Ergebnisse durch erfahrene Bediener, sofern sie genügend nahe bei ihren Maschinen sind	typische Tätigkeit des Wartungspersonals beim Überprüfen einer Maschine während des Betriebes	nach Abschalten der Maschine, Prüfung von Komponenten kann die Ursache aufzeigen, Verkürzung der Instandsetzungszeit (Fehlersuchzeit)
quantitative Ergebnisse	regelmäßige Messungen, Aufzeichnung und Analyse ermöglichen Früherkennung von Maschinenproblemen	Inspektionen ermöglichen Vergleich zu Normalbetrieb bzw. anderen gleichartigen Maschinen und geben Aufschluß über Maschinenzustand	durch genügend genaue Analyse kann auf mögliche Ursachen geschlossen werden
	Zustandsüberwachung		

Bild 6: Vergleich der Methoden zur Fehlerdiagnose und Zustandsüberwachung

2.3 Informationsebenen bei automatisierten Überwachungssystemen

Die Aufgaben innerhalb von Fertigungssystemen werden verschiedenen, hierarchisch strukturierten Ebenen zugeordnet /12/. In einer ersten Ebene (Maschine, Steuerungsebene) werden direkt meßbare Größen gesteuert oder geregelt. In der zweiten Ebene steht die Überwachung der Fertigungseinrichtung und in der dritten Ebene die Optimierung (z.B. Durchsatzoptimierung, Ausbringung). Sofern mehrere Maschinen in einem Verbund arbeiten, muß in einer vierten Ebene koordiniert werden. Das Management findet in der fünften Ebene statt.

Zur Erfüllung dieser Steuerungs-, Überwachungs-, Optimierungs-, Koordinierungs- und Managementaufgaben sind der jeweiligen Ebene zugeordnete Informationen mit differenziertem Inhalt, unterschiedlicher gerätetechnischer Darstellung sowie unterschiedlichem Zeitverhalten notwendig. Bild 7 zeigt die auf eine betriebliche Struktur bezogenen Informationsebenen. Ausgehend von dem jeweiligen Produktionsbereich sind Informationsinhalt, Zeitverhalten und Informationsadresse einschießlich Ausgabeort dargestellt.

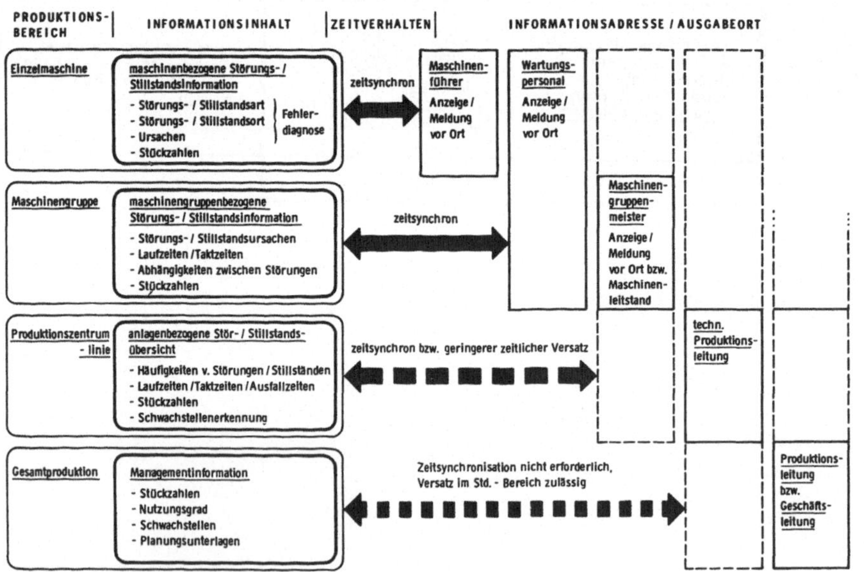

Bild 7: Informationsebenen bei automatisierten Überwachungssystemen

2.4   <u>Eigenschaften und Auswahl von Melde- und Ausgabegeräten</u>

Die Ausgabe entsprechender Informationen bzw. die Alarmierung
von Maschinenführer oder Wartungspersonal erfordert unterschiedliche Melde- und Ausgabegeräte. Eine Übersicht über solche akustische und optische bzw. optoelektronische Geräte
zeigt Bild 8. Beispielsweise ist die Alarmwirkung des akustischen
Signals "Hupe" sehr groß, allerdings sind nur wenige Fälle unterscheidbar /54/. Neue Möglichkeiten werden preiswerte und
unter industriellen Bedingungen einsetzbare Geräte zur Sprach-
synthese und -ausgabe erschließen /55/. Mit optischen Signalen
(z.B. verschiedenfarbige Meldeleuchten) lassen sich eine große
Anzahl von unterschiedlichen Signalzuständen erzeugen. Die in
der Praxis verwendeten dezimalkodierten Störmeldungen erfordern zusätzliche Kodierungstabellen, welche wiederum manuell
interpretiert werden müssen. Für Klartextmeldungen bzw. aus-
führliche Protokolle sind Bildschirmgeräte oder Drucker notwendig. Die Signalwirkung dieser Geräte ist gering, nicht zu-
letzt verführt eine zu große Informationsdichte das Bedien-
und Wartungspersonal dazu, die Fülle der Meldungen zu igno-
rieren.
Graphische Bildschirme bieten die Voraussetzungen zur Darstellung von prozeß- und/oder maschinenspezifischen Wirkungs-
schemen. Beim Einsatz von farbfähigen Graphikbildschirmen zur
Prozeßdarstellung sind zusätzliche (Alarm-) Informationen über
die Farbdarstellung möglich.
Für die Maschinenüberwachung vor Ort ist eine Kombination
zwischen Meldegeräten mit großer Signalwirkung (Hupe, Blinklampe)
und einem Klartextausgabegerät (z.B. Terminal oder wegen gleichzeitiger Dokumentation ein Drucker) besonders geeignet.

ART DER MELDUNG	ERFORDER-LICHE EIN-RICHTUNG	ANZAHL DER UNTERSCHEID-BAREN FÄLLE	UNTER-SCHEIDUNGS-MERKMALE	SIGNAL-WIRKUNG	INFOR-MATIONS-GEHALT	VERSTÄND-LICHKEIT	AUFWAND ZUR INFORMATIONS-AUFBEREITUNG	VORTEILE	NACHTEILE	EINSATZGEBIET
1 AKUSTISCHE SIGNALE: Hupe mit Dauerton	potentialfreier Ausgang, Hupe	bis 3	Tonhöhe (Lautstärke)	sehr gut	sehr gering	gut	sehr gering	gute Signalwirkung, billig	wenige Fälle unterscheidbar	Meldung von Betriebszuständen, Alarmierung
Hupe mit Tonimpulsen	potentialfreier Ausgang, Hupe Impulsgeber	bis 9	Tonhöhe, Folgefrequenz	sehr gut	gering	gering	gering	gute Signalwirkung, billig	Unterscheidung schwieriger	Meldung von Betriebszuständen, Alarmierung
Sprachausgabe	Sprach-synthesizer, Wortspeicher	beliebig	ge-sprochenes Wort	sehr gut	sehr hoch	sehr gut	sehr hoch	leicht verständlich, vielseitig	für industriellen Einsatz (noch) nicht verfügbar	Meldung von Betriebszuständen, Alarmierung, Fehlermeldung, Wartungshinweise
2 OPTISCHE SIGNALE: Farbige Lampen	potentialfreie Ausgänge, Lampen	bis 6	Farbe (Intensität)	gut	sehr gering	gut	sehr gering	gute Signalwirkung, billig	Sichtkontakt nötig	Meldung von Betriebszuständen
Blinkende Lampen	potentialfreier Ausgang, Lampe, Blinkgeber	bis 18	Farbe, Blink-frequenz	sehr gut	gering	gering	gering	bessere Signalwirkung	Unterscheidung schwieriger	Meldung von Betriebszuständen, Alarmierung
Leuchttableau mit Symbolen oder Text	potentialfreie Ausgänge, Tableau	über 100	Farbe, Text, Symbol	gut	mittel bis hoch	sehr gut	mittel	übersichtlich gute Signalwirkung	großer Platzbedarf Einzelanfertigung	zentrale Überwachung vieler Maschinen
3 MELDUNG ÜBER DISPLAYS: Dezimalcodiert	potentialfreie Ausgänge, Wandler, Treiber	10^n	Zahl	mittel bis gering	hoch	gut	hoch	viele Fälle unterscheidbar, geringer Aufwand	Interpretation nur mit Liste möglich	Fehlermeldungen, Meßwerte
Klartext	zusätzlich Textspeicher	beliebig, von Speichergröße abhängig	Text	mittel bis gering	hoch	sehr gut	sehr hoch	leicht zu interpretieren	Speicherkosten, hoher Aufwand	Fehlermeldungen, Meßwerte
4 MELDUNG ÜBER DATEN-GERÄTE IM KLARTEXT: Über Bildschirmgerät	Sichtgerät, Interface, Textspeicher	beliebig, von Speichergröße abhängig	Text	gering	sehr hoch	sehr gut	sehr hoch	leicht zu interpretieren, vielseitig	hoher Aufwand	Fehlermeldungen, Meßwerte, Wartungshinweise
Über TTY	TTY, Interface, Textspeicher	beliebig, von Speichergröße abhängig	Text	gering	sehr hoch	sehr gut	sehr hoch	leicht zu interpretieren, Meldung bleibt erhalten	hoher Aufwand	Fehlermeldungen, Meßwerte, Protokolle, Wartungshinweise
Über intelligentes Terminal mit eigenem Prozessor und Speicher	Terminal, Interface, Software	beliebig	Text	gering	sehr hoch	sehr gut	von Möglichkeiten des Terminals abhängig	Informations-aufbereitung einfacher und vielseitiger, da bessere Möglichkeiten für Arithmetik und Textverarbeitung	hoher Aufwand	Fehlermeldungen, übergeordnete Überwachung, Protokolle, Meßwerte, Wartungshinweise

Bild 8: Übersicht über Eigenschaften von Melde- und Ausgabegeräten

2.5 Organisatorische Voraussetzungen beim Einsatz

Eine Maschinenüberwachung soll aktuelle und wirklichkeitsentsprechende Informationen sowohl auf der Maschinenebene (Bedien-, Wartungspersonal) als auch die entsprechend verdichteten und aufbereiteten Informationen auf übergeordneten Ebenen (technische Produktionszentrale, Management) liefern.
Ein Überwachungssystem im Sinne einer Betriebsdatenerfassung mit automatischer Primärdatenerfassung, das nur Managementinformationen ausgibt, setzt auf der Erfassungsebene (Maschinenebene) voraus, daß die Bedeutung und das Zeitverhalten der Erfassungssignale unverändert bleibt. Diese, auf den ersten Blick einfache Forderung trifft leider in der Praxis nicht immer zu. Bei Großbetrieben, bei der Großserienfertigung mit räumlich aufgesplitteten Produktionsanlagen, zum Teil räumlich sehr weit entfernten, über Datenübertragungskabel verbundener Auswertezentrale ergeben sich besondere Probleme dadurch, daß im Rahmen der Wartung im Sinne einer Verbesserung der Produktionsanlagen Änderungen an den Maschinen in vielen Fällen zu Fehlermeldungen der Überwachungseinrichtungen führen. Hierbei können sich Bedeutung und Zeitverhalten der Gebersignale ändern. Besondere problematisch wird dies dann, wenn keine Rückkopplung in Form eines Änderungsdienstes zwischen Bedien- und Wartungspersonal an der Maschine und dem, mit der Maschinenüberwachung beauftragten Personal vorhanden ist /56/. Änderungen werden von einem solchen Maschinenüberwachungssystem nicht erkannt, sondern führen zu gehäuften Fehlermeldungen bzw. treten als Störungs- oder Stillstandsgrund überhaupt nicht mehr auf. Aufgrund dieses Sachverhaltes wird bei der manuellen Protokollauswertung auf mögliche Änderungen geschlossen. Erkannte Änderungen erfordern Auswerteprogrammänderungen mit anschließendem Test. An einer untersuchten Anlage (KFZ-Schweißtransfermaschine) /56/ betrug der Zeitraum zwischen Erkennen einer Änderung und Korrektur bis zu 6 Wochen. Dabei konnte der Fall eintreten, daß eine gerade laufende Korrektur von zwischenzeitlich durchgeführten Maschinenänderungen überholt wurde.
Fehlerdiagnosesysteme auf der Ebene der Maschinen haben den Vorteil, daß (nach Erkennung der Vorteile für die eigene Tätigkeit) das Bedien- und Wartungspersonal von sich aus bestrebt sein wird,

das Überwachungssystem auf dem aktuellen Stand zu halten. Dieselben Maschineninformationen werden vorteilhafterweise nach Datenübertragung und -verdichtung zur Erzeugung der Managementinformationen verwendet (Schnittstelle zur BDE) Bild 9 zeigt das allgemeine Grundkonzept eines solchen MÜ-Systems.

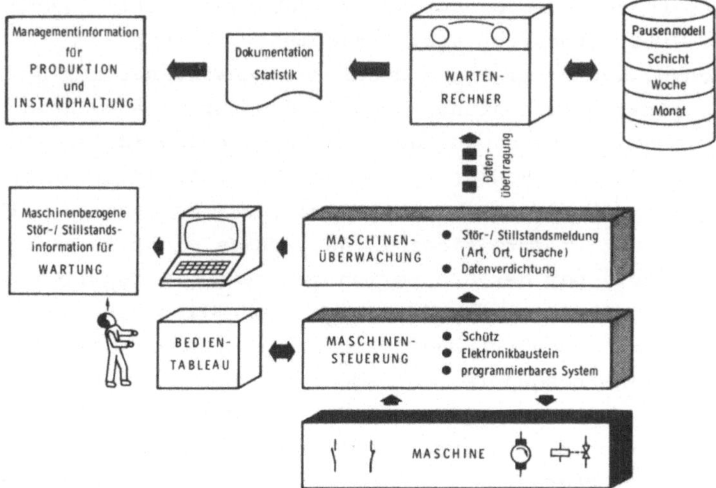

Bild 9: Konzeption eines Maschinenüberwachungssystems

Die Wechselwirkungen bei Überwachungssystemen zeigt Bild 10. Dabei sei auf den kleinen Kreislauf zwischen Maschine, maschinenbezogener Fehlerinformation und Wartungs- und Bedienpersonal als zeitsynchrone Überwachungsebene vor Ort hingewiesen. Dies muß durch auf den jeweiligen Betrieb zugeschnittene organisatorische Maßnahmen sichergestellt werden.

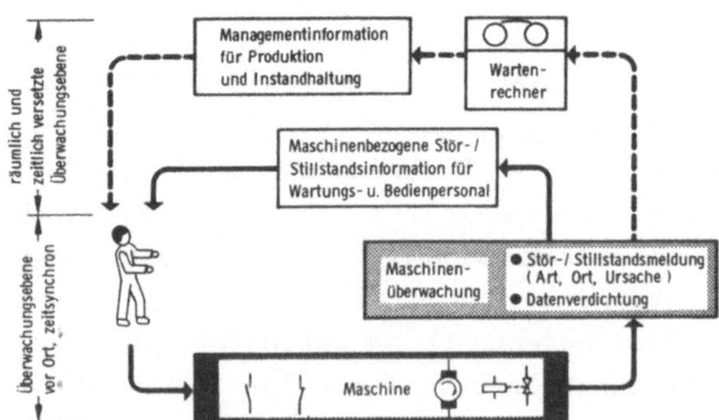

Bild 10: Wechselwirkungen bei Maschinenüberwachungssystemen

2.6 Wirkungsweise von Überwachungssystemen

Gemäß der Definition in 1.3 ist das Ergebnis einer Überwachung
die Feststellung, ob fehlerhaftes Verhalten oder ein fehlerhafter Zustand einer Fertigungseinrichtung oder Teilen davon
vorliegt. Bei der Zeit- und Funktionsüberwachung wird die Tat-
sache eines Fehlers durch den logischen Zustand einer oder
mehrerer Hilfsvariablen angezeigt /13/ (s. auch Kap. 3).
Nach der Meldung können weitere Schritte eingeleitet werden:

- Speicherung zusätzlicher Signale und anderer, für die Fehlersuche notwendiger oder nützlicher Daten und deren Ausgabe,
- Anstoß von weitergehenden Datenerfassungsprogrammen oder
  -geräten zur Erstellung von Protokollen über Art, Anzahl,
  Zeitpunkt und Dauer von Fehlern und
- Anstoß von Diagnosesystemen, welche den Fehler weiter ein-
  grenzen und so den genauen Ort und die Ursache des Defektes
  ermitteln einschließlich der Möglichkeit der Bedienerführung.

Überwachungssysteme, deren Reaktion nur in der Ausgabe von Meldungen besteht, werden als "passiv" bezeichnet. Wenn außerdem
noch Reaktionen erfolgen, die Einfluß auf das Verhalten der Maschine und/oder der Steuerung nehmen, so kann man von einer
"aktiven" Überwachung sprechen. Diese Einflußnahme der Überwachung auf die Maschine kann verschiedener Art sein. Als Möglichkeiten bieten sich an (s. Bild 11):

- Erzeugung eines Dauersignales "Störung bzw. Not-Aus" und
  Blockieren der Weiterschaltbedingungen der Schrittschalt-
  kette sofort oder am Zyklusende. Diese Blockierung kann
  nur von außen durch das Personal wieder aufgehoben werden.
- Eingriff in die Stellebene derart, daß beispielsweise alle
  oder nur bestimmte Ausgänge abgeschaltet werden, um Schäden
  durch selbsttätiges Ablaufen einer begonnenen Bewegung zu
  verhüten.
- Eingriff in die Steuerung mit dem Ziel, einen Notbetrieb
  aufrecht zu erhalten. Dazu muß das Steuerprogramm selbst
  oder dessen Ablauf geändert werden um die gestörte Funktions-
  einheit zu umgehen bzw. durch Aktivierung von Reserveein-
  heiten zu ersetzen.

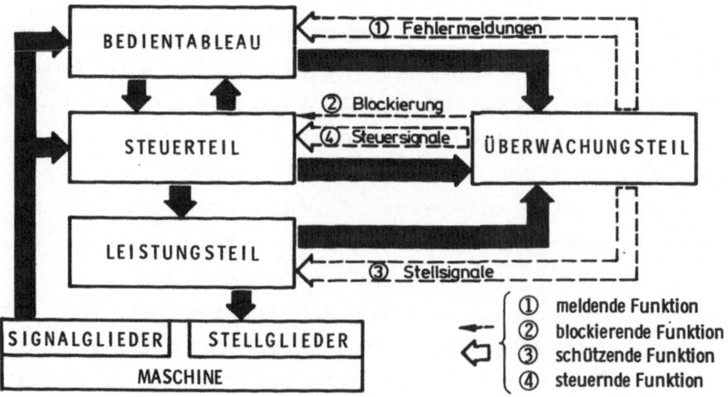

Bild 11: Wirkungsweise bei automatischen Überwachungssystemen

2.7 Realisierungsmöglichkeiten

Überwachungssysteme sind als Bestandteil der Maschinensteuerung
oder als separate Geräte realisierbar (s. Bild 12) /30,57/.
Separate on-line Überwachungsgeräte bedingen Übertragungsleitun-
gen für die Maschinensignale oder Datenübertragungssysteme mit
entsprechend angepaßten Interface-Baugruppen. Überwachungssysteme
mit einem zentralen Rechner besitzen die größte Leistungsfähigkeit, allerdings bei hohem technischen und programmtechnischen
Aufwand.
Geringerer Aufwand ist im Normalfall dann möglich, wenn für zusätzliche Überwachungsprogramme der nicht benutzte Teil des Programmspeichers eingesetzt werden kann. Erfahrungsgemäß wird zu
Überwachungszwecken etwa gleich viel Speicherplatz wie das Steuerprogramm selbst umfasst erforderlich. Die Leistungsfähigkeit der
Überwachung ist abhängig von der Leistungsfähigkeit des Steue-
rungsprozessors. Bei SPS mit Wortprozessoren sind leistungsfähige
Überwachungsroutinen einschließlich Grund-Arithmetik und Klartextmeldungen möglich, hingegen besitzen Steuerungen mit Bit-Pro-
zessoren im allgemeinen nur begrenzte Möglichkeiten. Portable
Überwachungsgeräte, die periodisch oder im Verdachtsfalle an die
zu überwachende Maschine angeschlossen werden, haben den Vorteil,
daß ein Gerät für viele Einzelmaschinen verwendbar ist.

Realisierung	**ÜBERWACHUNGSSYSTEM** separat von Steuerung Kopplung mit Auswerterechner über Datenkabel	portable Geräte zum gezielten oder dauernden Einsatz (Kopplung über einheitliche Schnittstelle) Auswertung mit getrenntem Rechner (off - line)	Auswertung im Gerät (on - line)	in Steuerung integriert Zusatzprogramme in Steuerungs-Prozessoren	Überwachungs-programme in besonderen Prozessoren
Aufwand hardware	sehr hoch Rechner und Datenkabel	sehr hoch Aufzeichnungsgerät und Rechner	hoch	niedrig normalerweise keine zusätzliche hardware	hoch zusätzliche Prozessor und Datenkopplung
software	sehr hoch unterschiedliche Auswerteprogramme	hoch einheitliche Auswerteprogramme	hoch Überwachungs-programm im teach - in	mittel bis hoch Zusatzprogramme im nicht benützten Teil des Programmspeichers	hoch zusätzliche Programme
Vorteile	Gewinnung von Informationen für alle betrieblichen Ebenen, leistungsfähiges System, Bedienerführung möglich	ein Aufzeichnungs-gerät für mehrere Maschinen	Auswertung vor Ort, ein Gerät für mehrere Maschinen	Auswertung aktueller Informationen vor Ort, Übertragung zu über-geordnetem Rechner möglich, einfaches aber in vielen Fällen aus-reichendes System	Auswertung aktueller Informationen vor Ort, Datenübertragung zu übergeordnetem Rechnen einfach möglich, leistungsfähiges System
Nachteile	Informationen vor Ort, nicht oder nur bei Datenrücküber-übertragung verfügbar, weiträumige Über-tragungssysteme, bei Rechnerstörung Ausfall aller Über-wachungsfunktionen	keine aktuellen Informationen vor Ort, nur für Zustands-überwachung bzw. post - mortem Diagnose	begrenzte Leistungs-fähigkeit, keine universellen Überwachungs-geräte verfügbar	begrenzte Leistungsfähigkeit (Speicherplatz, Geschwindigkeit)	keine anwendungs-orientierte Programmier-sprache verfügbar

Bild 12: Realisierungsmöglichkeiten für Überwachungssysteme

2.8 Schnittstelle zwischen Maschine und Überwachung

Die Leistungsfähigkeit von Überwachungssystemen hängt von der
Schnittstelle ab, an denen zu überwachende Signale abgenommen
werden. Im Aufbau der Steuerungsperipherie bestehen keine prin-
zipiellen Unterschiede zwischen verbindungs- und speicherprogrammierten Steuerungen. Signalgeber, Stellglieder, externe
Leitungen, Steck- und Klemmverbindungen werden identisch ange-
ordnet (s. Bild 13).
Bei kontaktbehafteten Steuerungen werden innerhalb des Steuerschrankes Hilfsschütz-, Verknüpfungs- und die Leistungsschütz-
ebene unterschieden. Bei SPS aber auch z.T. bei Elektronik-Bau-
steinsteuerungen werden normalerweise alle Ein- und Ausgangssignale über Statusanzeigen angezeigt. Bei SPS sind zusätzlich zu
den direkten Peripheriesignalen Signale aus dem internen Datenbus
über Interface-Baugruppen für externe Verarbeitung verfügbar.

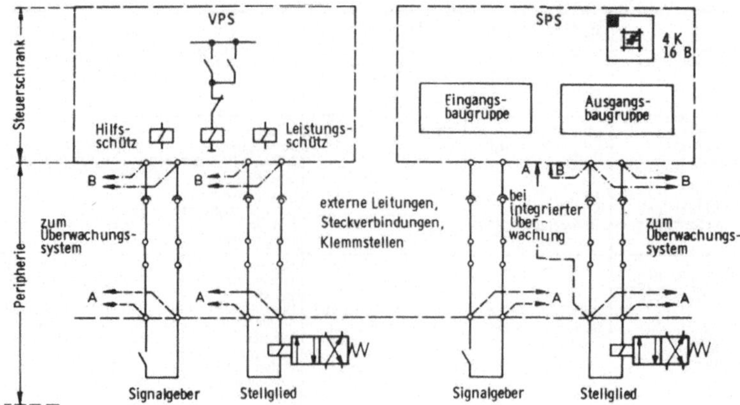

Fall A : Schnittstelle zum Überwachungssystem an Signalgeber / Stellglied

B : Schnittstelle zum Überwachungssystem an Klemmleiste des Steuerschrankes

Bild 13: Überwachungsschnittstellen bei verbindungs- und speicherprogrammierten Steuerungen

Zusätzlich besteht bei SPS und einem in den Prozessor integrierten Überwachungssystem die Möglichkeit, Meldungen über programmierbare Ausgänge auszugeben (s. Bild 14).

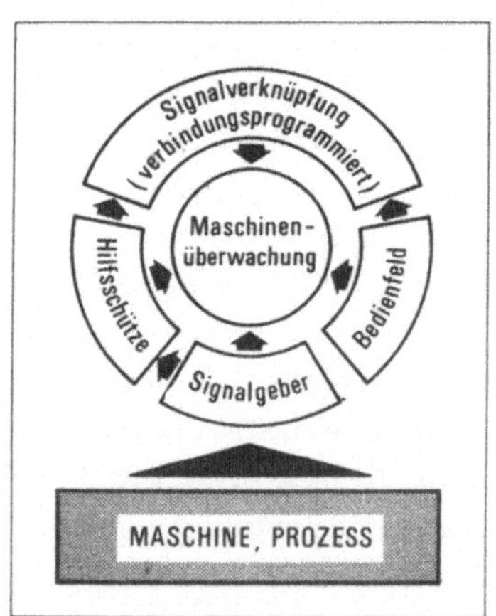

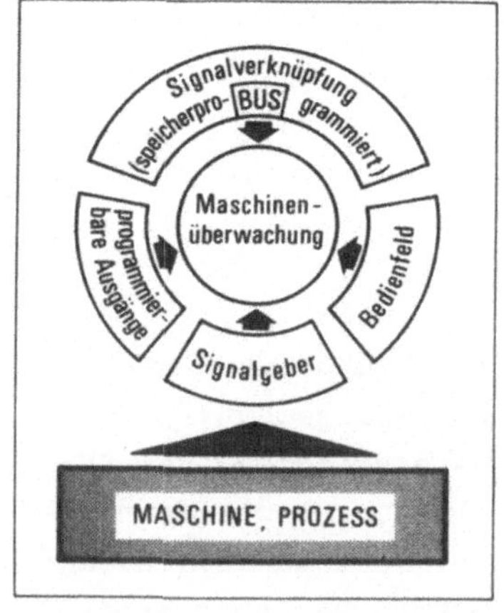

Bild 14: Signalauswahl zur Maschinenüberwachung bei verbindungsprogrammierten Schützsteuerungen (links) und SPS (rechts)

3   <u>Überwachungssysteme mit speicherprogrammierten
       Steuerungen (SPS)</u>

3.1   <u>Fehlerverteilung bei mit SPS gesteuerten Maschinen</u>

Die Funktionssteuerung einer Fertigungseinrichtung ist struktu-
riert in Eingabe-, Verknüpfungs-, Ausgabe- und Stellebene /58/.
SPS bestehen aus Zentralgerät mit Steuerwerk, Programmspeicher,
Bussystem und Stromversorgung sowie Ein- und Ausgabebaugruppen.
Eine Fehleranalyse an SPS-gesteuerten Anlagen zeigt, daß 95 %
aller Fehler im anlagentechnischen Teil (extern) und die rest-
lichen 5 % in der Steuerung selbst (intern) anfallen (siehe
Bild 15) /28,53,59/.

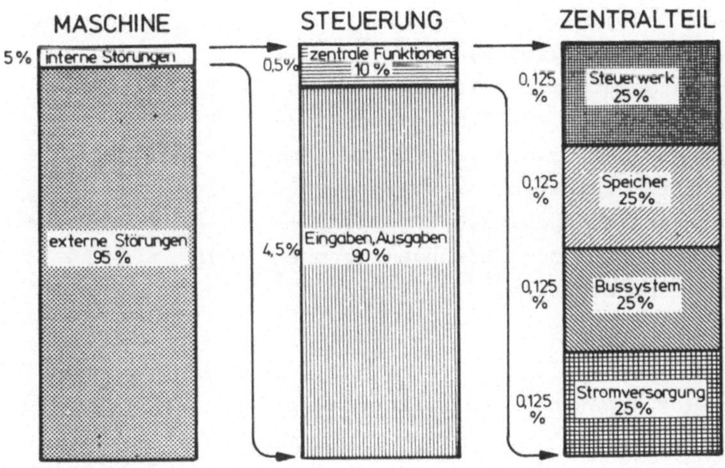

Bild 15: Fehlerverteilung bei mit SPS gesteuerten Maschinen

Zur Überwachung und Diagnose interner Fehler stehen Anzeigen am
Zentralgerät zur Verfügung. Diese Anzeigen sind gerätespezifisch
und geben Auskunft über verschiedene Fehlermöglichkeiten wie z.B.:

- Netz- oder (Speicherbatterie-)Ausfall,
- Zykluskontrolle und
- Betriebssystemkontrolle.

Weitere Fehlermeldungen auf dem Bildschirm des Programmiergerätes
oder über angeschlossenen Drucker geben z.B. Aufschluß über:

- Datenübertragungsfehler,
- Programmierfehler,
- Speicherplatzbelegung und
- Betriebsarten der SPS.

Aufgrund des geringen Anteils interner Fehler ist ein Schwerpunkt
bei der Überwachung externer Fehler zu setzen. Zur externen Überwachung und Fehlerdiagnose existieren verschiedene Möglichkeiten,
die z.T. vom SPS-Hersteller als Hilfsmittel mitgeliefert bzw.
eingebaut sind. Beispiele dafür sind:

- Leuchtdioden für Signalzustände der Ein-   )
  und Ausgänge,   )   vom Hersteller
- besondere Testgeräte für Signalzustände   )   vorgesehen bzw.
  und Verknüpfungsergebnisse,   )   eingebaut
- Programmiergeräte mit leistungsfähigen   )
  Testfunktionen z.B. Helltasten betätig-   )
  ter Kontakte bei Bildschirmprogrammier-   )
  geräten mit Kontaktplandarstellung und   )
- Ausgabe maschinenspezifischer program-   )   anwenderseitig
  mierter Meldungen zur Störungsdiagnose   )
  und Betriebsprotokolle.   )

3.2 Entwicklung von Überwachungsprogrammen

Vergleicht man den Aufwand, den man bei den verschiedenen Steue-
rungsarten für die Überwachung einsetzen muß, so ergibt sich,
daß bei verbindungsprogrammierten Steuerungen jede Überwachungsfunktion zusätzlichen Hardwareaufwand erfordert. Der Aufwand
steigt hierbei linear mit dem Grad der Überwachung an. Bei SPS
dagegen erfordert jede Überwachungsfunktion nur zusätzlichen
Speicherplatz, im einfachsten Fall die Ausschöpfung vorhandener
Speicherkapazitätsreserven. Ist diese Speicherreserve ausge-
schöpft, muß auf die nächst größere Speicher-Ausbaustufe überge-
gangen werden. Dadurch ergibt sich ein stufenweiser Anstieg des
Aufwandes bei steigendem Grad der Überwachung /59/.

Im Normalfall kann davon ausgegangen werden, daß die Software-
überwachung kostengünstiger ist als bei VPS mit zusätzlichem
Hardwareaufwand. Dieses Verhältnis ist bei in Serie gebauten
Maschinen umso günstiger, da hierbei die Überwachungssoftware
nur einmal entwickelt werden muß. Daraus resultiert ein star-
ker Trend zu SPS-Programmen mit hohem Anteil an Überwachungsfunk-
tionen. Der für die Software erforderliche, vielfach unter-
schätzte Aufwand verringert sich bei gleichzeitiger Entwicklung
von Steuer- und Überwachungsprogrammen und kann durch modulare
Programmstrukturen (Programmbausteine) bei ähnlichen Maschinen-
abläufen weiter reduziert werden.
Eine systematische Entwicklung von Zusatzprogrammen zur Fehlerdiagnose bedingt eine systematische Steuerungsentwurfs-Methode.
Bei Verwendung der Beschreibungsmethode für binäre Steuerungen
mittels Zustandsgraphen, die sowohl für Rechnerunterstützung
als auch für manuellen Entwurf von SPS-Programmen anwendbar
ist, wird die Bildung von sogenannten Fehlerauswirkungsmatrizen
erleichtert /30,60/.
Eine verbreitete Entwurfsmethode für Steuerungen basiert auf
der Struktur von Ablaufsteuerungen nach DIN 19237. Ablaufsteuerungen haben einen zwangsläufig, schrittweise von Ablaufketten
gesteuerten Ablauf. Die kleinste funktionelle Einheit des Programms wird als Ablaufschritt bezeichnet. Jedem Schritt ist
ein Ablaufglied zugeordnet, d.h. ein Speicherglied mit den für
die Programmverwirklichung notwendigen Verknüpfungen. Die Ab-
laufglieder werden zu Ablaufketten zusammengefasst. Das Weiter-
schalten in dem programmgemäß folgenden Schritt geschieht durch
Weiterschaltbedingungen, entweder prozeß- oder zeitabhängig.
Bei prozeßabhängigen Ablaufsteuerungen läßt sich eine lückenlose
Überwachung durch Überwachen eines jeden Schrittes erreichen. Damit sind schrittbezogene Überwachungsprogramm-Module entwickelbar.

3.3   <u>Geräte- und programmtechnische Forderungen</u>

Die Aufgaben der Überwachung mit Ausnahme der zusätzlichen In-
formationsausgabe unterscheidet sich prinzipiell nicht von denen
der Steuerung, deshalb ist jede SPS grundsätzlich zur Maschinenüberwachung geeignet. Der Umfang und die Art der realisierbaren
Überwachungs- und Diagnosefunktionen hängt im konkreten Anwendungsfall vom Befehlsatz und den insgesamt zu Überwachungszwecken

verfügbaren SPS-Betriebsmitteln wie z.B. Speicherplatz, Hilfs-
merker, Zähler, Zeitglieder ab. Für die Überwachung von Einzel-
Maschinensignalen, d.h. die Überprüfung, ob ein Maschinensignal
bei einem gegebenen Zustand der Steuerung und der Maschine zulässig ist, reichen die an allen SPS verfügbaren Befehle aus.
Hierbei werden nur die logischen UND- bzw. ODER-Verknüpfungen
sowie die NEGATION der Einzelsignale benötigt. Direkte Program-
mierbefehle der ANTIVALENZ- und ÄQUIVALENZ-Verknüpfung sind für
manche Aufgaben (Eingangsüberwachung) von Vorteil, jedoch können
diese Funktionen einfach aus den elementaren kombinatorischen
Funktionen aufgebaut werden.
Für die Zeitüberwachung ist es nötig, daß alle Arten von Zeitgliedern einfach programmiert werden können. Von Vorteil ist es,
wenn verschiedene Zeitbasen vorhanden sind (mindestens 0,1 Sekunden und 1 Sekunde). Die längste direkt zu programmierende Zeit
beträgt bei den meisten SPS das 999-fache der Zeitbasis. Werden
längere Zeiten benötigt, so kann dieser Wert durch Kaskadierung
auf das 999-fache verlängert werden. Als Ausgangssignale der Zeitglieder sind im allgemeinen die Signale "Zeit läuft" und "Zeit
abgelaufen" verfügbar. Dies ist ausreichend für die Überwachung
bezüglich Zeitüber- und -unterschreitung.
Für weitergehende Zeitüberwachung, wie die Erkennung von Grenz-
und Mittelwerten ist die Zeitmessung und Speicherung der Meßwerte notwendig. Dies ist möglich durch Datentransferbefehle.
Für die Erkennung von Grenz- und Mittelwertabweichungen bzw.
für die Mittelwertberechnung müssen darüber hinaus noch ver-
gleichs- und arithmetische Operationen mit Datenworten möglich
sein. Dies ist bei den meisten SPS in der Grundversion nicht enthalten, bei vielen Geräten jedoch als Option erhältlich. Die
arithmetischen Operationen sind meist auf die vier Grundrechen-
arten beschränkt, der Zahlenbereich umfasst dreistellige, nä-
türliche Zahlen.
In vielen Fällen der Steuerung und Überwachung ist es hilfreich,
wenn Unterprogramme und/oder Verzweigungen des Programmablaufes
möglich sind. Beispielsweise lassen sich Programmteile, die nur
im Automatikbetrieb aktiv sein sollen, mit einem Befehl für den
Nichtautomatikbetrieb sperren. Die Möglichkeiten zu Sprüngen

und Verzweigungen des Programmablaufes sind zum übersichtlichen
Programmaufbau und zur besseren Speicherplatzausnutzung geeignet.

3.4 Voraussetzungen zur Entwicklung von modularen Überwachungsprogrammen

Speicherprogrammierten Steuerungen liegt die serielle, zyklische
Programmabarbeitung mit Zykluszeiten von ca. 1 bis 10 ms pro 1K-
Programmanweisung zugrunde. Verschiedene SPS verfügen zusätzlich
über Sprunganweisungen, die auch durch Interrupt-Befehle initia-
lisiert werden können. Das Einlesen von Signalen der Eingangsbau-
gruppe und die Ausgabe an die Ausgangsbaugruppen geschieht mit
unterschiedlichen Prinzipien. Häufig eingesetzte Prinzipien sind
das interruptgesteuerte Einlesen und Ausgeben zu Beginn bzw. am
Ende des Programms und bei Geräten mit einer sogenannten Bildta-
fel das Einlesen und Ausgeben durch einen asynchron zum Programm-
durchlauf arbeitenden Eingangs-/Ausgangsscanner. Weitere Unter-
scheidungsmerkmale sind die unterschiedlichen Programmierarten.
Diese lassen sich in die drei Hauptgruppen: Kontaktplan, Funktionsplan und Anweisungsliste (Boole'sche Gleichungen) zusammen-
fassen /61/.
Bei Integration von zusätzlichen Überwachungsprogrammen in den
SPS-Programmspeicher sind zu beachten:
- Verlängerung der SPS-Zykluszeit, hierbei können sich u.U. bei
  schnellen Maschinenvorgängen bzw. bei komplexen Anlagen mit
  großer Verarbeitungstiefe Probleme ergeben,
- bei SPS mit asynchronem Ein- und Ausgangsscanner ist die
  Reihenfolge der Programmanweisungen von Bedeutung, dies
  kann im Einzelfall ausgenutzt werden um speicherplatzminimierte
  Programmbausteine mit vorgegebener Reihenfolge (unter Verlust
  von Übersichtlichkeit) zu entwickeln /65/ und
- Überwachungsprogrammbausteine sind in allen Programmierarten
  realisierbar, von Vorteil sind graphische Symboldarstellung
  wie beispielsweise Funktionsplan und Kontaktplan.

3.5   Modulare Überwachungsprogramme

Orientiert man sich am Aufbau von Maschinensteuerungen mit SPS
so können unterschieden werden:

- Überwachung von Eingangssignalen,
- Überwachung von Ausgangssignalen und
- Überwachung von Arbeitseinheiten.

Diese einzelnen Überwachungsaufgaben sollen durch einfache Programmbausteine realisiert werden, der gesamte Maschinenablauf
kann durch mehrfache Anwendung dieser Programmbausteine überwacht werden.

3.5.1   Überwachung von Eingangssignalen

Neben den Antriebs- und Stellgliedern unterliegen vor allem die
Signalglieder einer starken mechanischen und elektrischen Bean-
spruchung und verschleißen dadurch (z.B. mechanische Beschädi-
gung, Kontaktabbrand). Umweltbelastungen wie Staub, Schmutz,
Feuchtigkeit, agressive Atmosphäre und/oder Erschütterungen be-
einträchtigen die Einsatz- bzw. Lebensdauer zusätzlich. Weitere
Fehlerquellen sind Defekte in den Zuleitungen wie z.B. Aderbruch,
Aderschluß, Erdschluß, Kontaktfehler an Steckverbindungen und
Klemmstellen.

3.5.1.1   Eingangsüberwachung mit Wechselkontakten /62/

Eine Möglichkeit zur Erkennung von Fehlern an Signalgliedern und
zugehörigen Leitungen besteht darin, daß jedes Signalgebersignal
zweifach zu den SPS-Eingängen geführt wird und zwar als Signal
eines sprungbetätigten Wechselkontaktes (s. Bild 16). Diese
sprungbetätigten Kontakte haben eine definierte Umschaltzeit in
der Größenordnung von ca. 7 bis 15 ms.

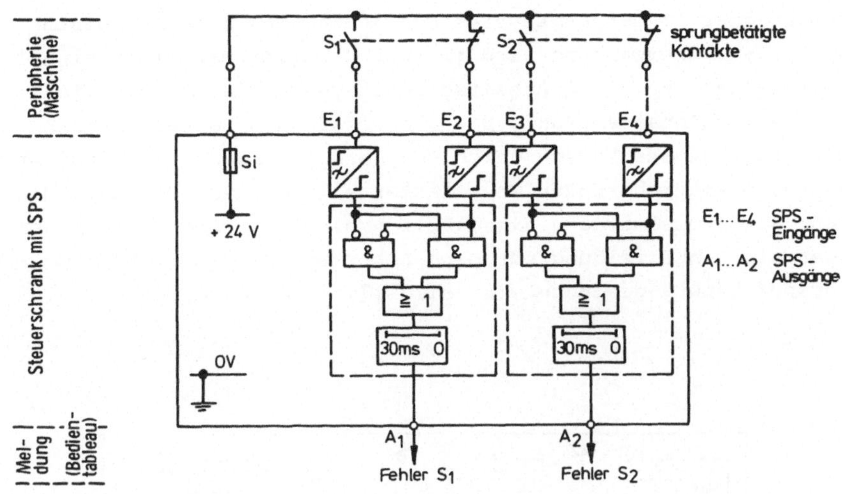

Bild 16: Eingangsüberwachung mit Wechselkontakten bei
zwei Eingangssignalen (Prinzipdarstellung) /62/

Schließer und Öffner dieser Wechselkontakte werden über eine
Antivalenzschaltung mit nachgeschaltetem Zeitglied untersucht.
Diese Prüfschaltung basiert auf der Überlegung, daß an den
beiden zueinander gehörenden Öffner- und Schließereingängen
im ordnungsgemäßen Zustand mit Ausnahme der Umschaltzeit bei
Betätigung keine gleichen Signale anstehen können. Diese Umschaltzeit wird durch das nachgeschaltete Zeitglied überbrückt.

3.5.1.2 Paarweise Endschalterüberwachung

Eine andere Möglichkeit zur Überwachung von Eingangssignalen besteht in der paarweisen Endschalterkontrolle. Bei Arbeitseinheiten mit zwei Endlagen (z.B. pneumatische Vorschubeinheit) wird
jede Endlage mit je einem Grenztaster erfaßt. Im Ruhezustand ist
nur ein Grenztaster betätigt, während der Bewegungsphase sind
beide Schalter unbetätigt. Im fehlerfreien Betrieb ist es nicht
möglich, daß beide Grenztaster gleichzeitig betätigt sind. Stehen an den SPS-Eingängen dieser beiden Schalter gleichzeitig

Signal an, so läßt dies auf einen Defekt an den Grenztastern selbst oder im Leitungssystem schließen. Bei der paarweisen Grenztasterüberwachung wird im Fall der gleichzeitigen Signalgabe beider, zu einer Arbeitseinheit gehörenden Signalglieder ein Fehlersignal erzeugt. Die paarweise Endschalterkontrolle ist schaltungstechnisch durch UND-Verknüpfung der zu einer Arbeitseinheit gehörenden Grenztaster einfach realisierbar. Dies kann als Sammelmeldung hinsichtlich mehrerer Arbeitseinheiten oder als Einzelmeldung für eine Arbeitseinheit mit und ohne Fehlerspeicherung geschehen (s. Bild 17, 18).

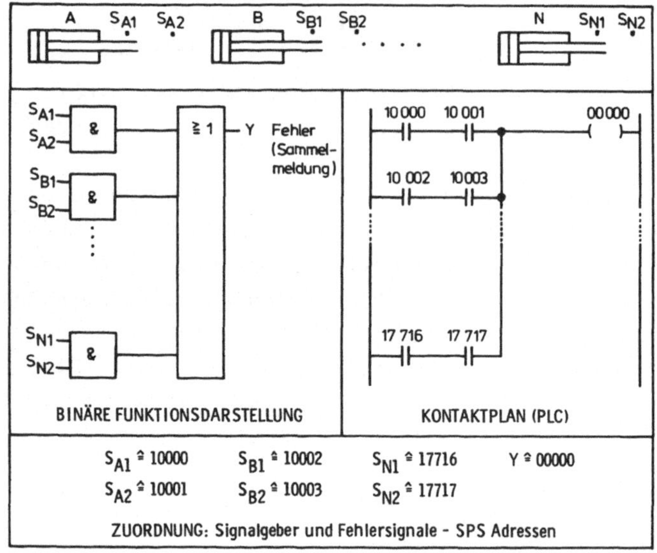

Bild 17: Paarweise Endschalterüberwachung (Sammelmeldung, ohne Fehlerspeicherung)

Hierbei sind S_{A1} und S_{A2} die jeweils zu einer Arbeitseinheit gehörenden Grenztaster. Kurzzeitige Fehler lassen die Überwachung ansprechen, ermöglichen aber nur bei einer zusätzlichen Fehlerspeicherung einen späteren Rückschluß auf mögliche Verursacher.

Die Quittierung eines gemeldeten Fehlers erfolgt durch manuelle
Fehlerlöschung.

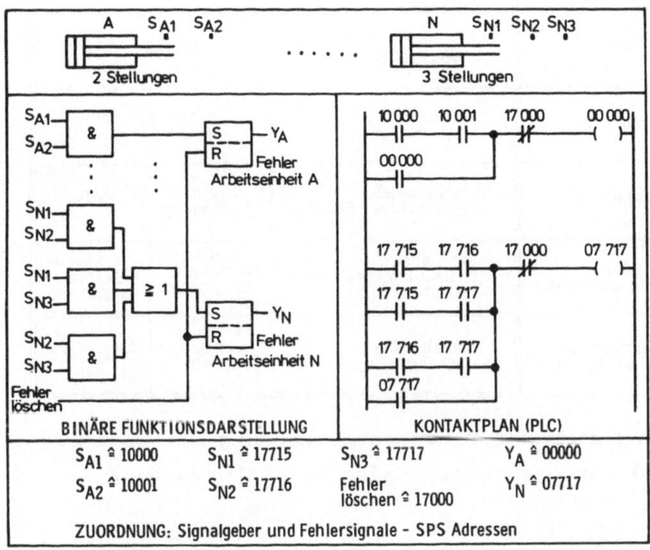

Bild 18: Paarweise Endschalterüberwachung mit arbeitseinheits-
bezogenen Fehlermeldungen und Fehlerspeicherung

Analog dazu sind diese Überlegungen von Arbeitseinheiten mit zwei
Endlagen erweiterbar auf Arbeitseinheiten mit mehreren Stellungen
(beispielsweise Mittelstellung, siehe Bild 18).

3.5.1.3 Vergleich der Eingangsüberwachung mit Wechselkontakten und der paarweisen Endschalterüberwachung

Ein Vergleich der beiden Verfahren (s. Bild 19) zeigt, daß bei
der Eingangsüberwachung mit Wechselkontakten ein höherer Aufwand
an Signalgeber, Verdrahtung und SPS-Eingängen erforderlich ist,
darüber hinaus jedoch eine, auf den einzelnen Signalgeber bezo-
gene Fehlerspezifizierung möglich ist. Bei der paarweisen Endschalterüberwachung ist bei geringerem Aufwand eine Fehlerspezi-

fizierung nur auf ein Signalgeberpaar oder auf eine Gruppe von
Signalgeberpaaren bezogen möglich.

	Eingangsüberwachung mit Wechselkontakten	paarweise Endschalterüberwachung	
Signalgeber	sprungbetätigte Wechselkontakte	beliebig	
Verdrahtung	zusätzliche Installation	keine zusätzliche Installation	
SPS-Eingänge	pro Signalgeber: 1x zusätzlicher Eingang	keine zusätzlichen Eingänge	
SPS-Überwachungsprogramm	pro Signalgeber: 2x UND-Funktion und 1x Zeit-Funktion	1x ODER und 1x UND pro Signalgeberpaar	pro Signalgeberpaar: 1x UND
Fehlerspezifizierung und -lokalisierung	auf einzelnen Signalgeber bezogen	auf Signalgeberpaargruppe bezogen	auf Signalgeberpaar bezogen

Bild 19: Vergleich der Eingangsüberwachung mit Wechselkontakten
und der paarweisen Endschalterüberwachung

3.5.2 Überwachung von Ausgangssignalen /62/

Die Überwachung von einzelnen Ausgangssignalen umfaßt die Lei-
stungsschalter der SPS-Ausgänge und das gesamte Leitungs-Stecker-
Klemmen-System bis zum Eingang des zu betätigenden Stellelementes
sowie die Funktion des Stellelementes. Dabei sind die direkte und
indirekte Überwachung unterscheidbar.
Unter direkter Überwachung wird verstanden, daß das Signal eines
Ausgangskanales direkt am Ausgangsbaustein, an einer Stelle des
Leitungssystems oder direkt am Stellelement abgegriffen wird und
als zusätzliches Eingangssignal wieder in die SPS eingeschleift
wird. Die indirekte Überwachung erfordert eine Rückführung durch
ein, über das Stellelement betätigtes Signalglied und beinhaltet neben der Überwachung des Ausganges selbst und dem Leitungssystem die physikalische Funktion des Stellgliedes. Bild 20 zeigt
Möglichkeiten der direkten Ausgangsüberwachung durch Abgreifen
des Ausgangssignales direkt an der Ausgangsbaugruppe (Fall A)
und direkt am Stellglied selbst (Fall B).

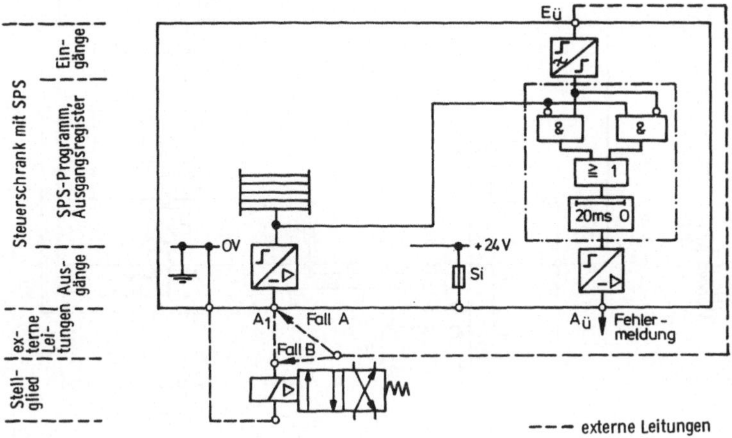

Bild 20: Direkte Ausgangsüberwachung durch Rückführung des Ausgangssignales auf einen Eingang /62/

Analog der Eingangsüberwachung mit Wechselkontakten wird das
zu überwachende Ausgangssignal intern und das, auf einen Eingang zurückgeführte Ausgangssignal, auf Antivalenz untersucht.
Mit Ausnahme der Umschaltzeit müssen beide Signale identisch
sein.
Schaltzeit bedeutet hier die Einschaltzeit des Ausgangssignales
zuzüglich Signalverzögerung (durch Tiefpassfilterung) des Ein-
ganges zuzüglich einer Programmlaufzeit, die abhängig ist von
der SPS-Struktur und der Stellung des Aus- bzw. Eingangsstrom-
pfades im Programm und maximal gleich der SPS-Zykluszeit ist.
Die indirekte Überwachung des Stellgliedes zeigt Bild 21.

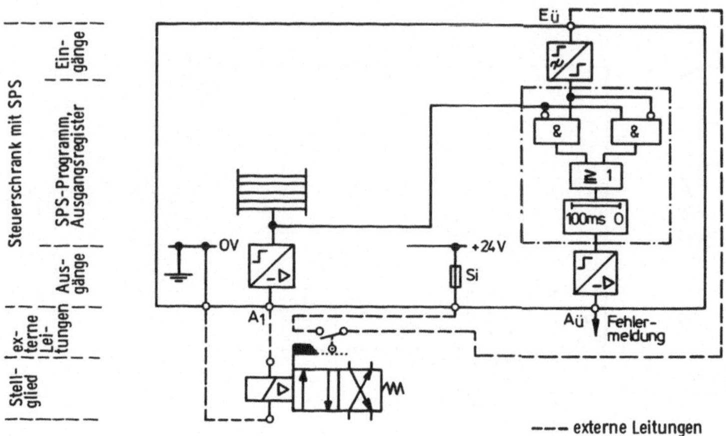

Bild 21: Indirekte Überwachung eines Ausgangssignales /62/

Die indirekte Überwachung hat den Vorteil, daß die physikalische
Funktion des Stellgliedes in den Überwachungskreis einbezogen ist.
Aufgrund von Reaktionszeiten von z.B. Magnetventilen ergeben sich
Zeitverzögerungen zwischen Anlegen des elektrischen Signals am
Stellglied und mechanischer Reaktion in der Größenordnung bis
0,1 Sekunden. Diese Reaktionszeit muß durch ein entsprechend
programmiertes Zeitglied berücksichtigt werden.

3.5.3 Überwachung von Arbeitseinheiten

Typische Arbeitseinheiten bei Fertigungseinrichtungen sind pneumatisch, hydraulisch oder elektrisch angetriebene Vorschubeinheiten. Bei solchen Arbeitseinheiten sind die Endlagen (sta-
tisch) und die Bewegungsphasen vorwärts und rückwärts (dynamisch)
zu unterscheiden. Kennzeichen dabei sind wenigstens zwei definierte Positionen, die mit Grenztastern gemeldet werden. Zur
Überwachung des statischen Verhaltens sind die in 3.5.1 beschriebenen Überwachungsmodule geeignet, die zur Überwachung des
dynamischen Verhaltens erforderlichen Programme sollen nachfolgend vorgestellt werden.

3.5.3.1 Programmbausteine zur Zeitüberwachung

Bei der Zeitüberwachung wird überprüft, ob ein Ereignis vor oder
nach einem definierten Zeitpunkt (eine Schwelle) oder innerhalb
eines oder mehrerer festgelegten Zeitbereiche (zwei oder mehr
Schwellen) eintritt. Dabei wird nicht die Absolutzeit als Maß-
stab genommen, sondern die Zeitdauer vom Eintreten eines aus-
lösenden Ereignisses bis zum Eintreten eines zu überwachenden
Ereignisses festgestellt. Beispielsweise wird die Zeit von der
Einleitung einer Bewegung bis zu deren Beendigung überwacht. Dabei kann es sich um alle denkbaren Bewegungen handeln oder auch
um andere zeitabhängige Vorgänge, bei denen Anfang und Ende ein-
deutig feststellbar sind. Je nach Anwendungsfall ist erforderlich,
sowohl einzelne Vorgänge als auch Folgen von mehreren Vorgängen bis zum gesamten Maschinenzyklus zeitlich zu überwachen. Im
Sinne einer möglichst allgemeinen Gültigkeit sind die Bausteine
zur Zeitüberwachung deshalb nicht auf die Überwachung spezieller
Vorgänge zugeschnitten, sondern so ausgelegt, daß lediglich ein
Start- und ein Endsignal als Eingangsgrößen benötigt werden. Im
Einzelfall müssen diese beiden Signale, die $S1$ und $S2$ genannt werden, durch eine Bildungsvorschrift der jeweiligen Überwachungsaufgabe angepaßt werden. Die Vorschriften zur Bildung der Signale
für zwei häufig vorkommende Aufgaben (Zyklus-Zeitüberwachung und
Überwachung einer Vorschubbewegung) werden in Kap. 3.5.3.3 angegeben. Um einen Vorgang zeitlich überwachen zu können, ist von
Wichtigkeit zu wissen, wie lange der Vorgang unter normalen Bedingungen dauert. Die Zeitdauer wird dabei im allgemeinen um
einen bestimmten Mittelwert schwanken. Diese Zeiten müssen experimentell ermittelt und analysiert werden, anschließend können
die Grenzwerte festgelegt und manuell programmiert werden. Unter
bestimmten Voraussetzungen können diese Grenzwerte durch ein Zu-
satzprogramm automatisch von der SPS ermittelt werden (s. Kap.
3.5.6). Die Überwachung erfolgt mit Hilfe von Zeitgliedern, wie
sie an jeder SPS verfügbar sind. Diese werden mit festgelegten
Zeitgrenzen programmiert. Bei leistungsfähigen SPS mit Wortver-
arbeitungs-Struktur stehen beispielsweise Zeitglieder mit Ein-
und Ausschaltverzögerung, mit und ohne Haftspeicherverhalten zur
Verfügung.

Bei der Zeitüberwachung sind bei Überwachung auf einen Grenzwert Zeitüberschreitung und Zeitunterschreitung unterscheidbar.
Fehlfunktionen von Arbeitseinheiten können sich z.B. in der Weise
ereignen, daß die Rückmeldung für die Beendigung eines Vorganges
zu früh eintritt. Ursache kann die zu frühe Betätigung des Grenztaster durch ein falsches oder verklemmtes Werkstück oder ein
defekter Grenztaster selbst sein.
Zur Überwachung eines Vorganges auf Zeitunterschreitung wurde
Programmbaustein 1 (Bild 22) entwickelt. Dieser Programmbaustein
ist ohne und mit Fehlerspeicherung und manueller Löschung ein-
setzbar.

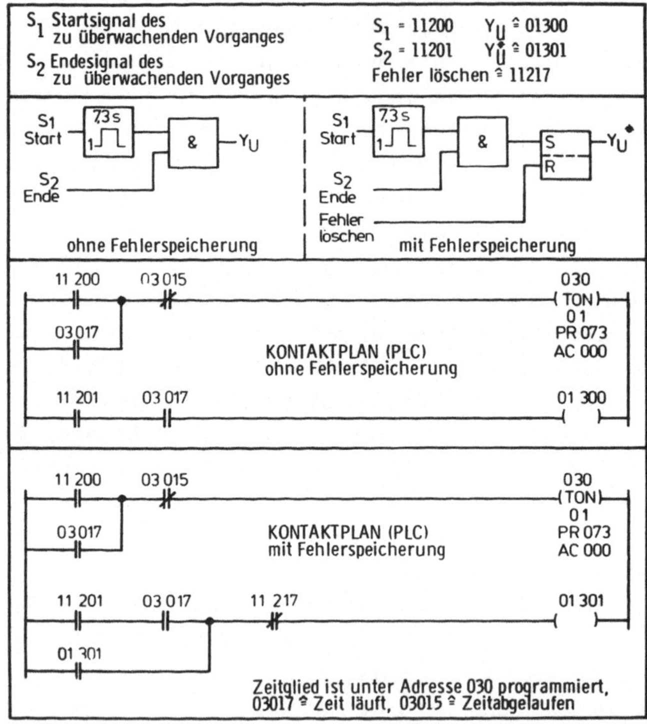

Bild 22: Programmbaustein 1, Zeitunterschreitung mit und ohne
Fehlerspeicherung

In der Praxis sind Zeitüberschreitungen wesentlich häufiger als
Zeitunterschreitungen. Dies ist beispielsweise dann der Fall,
wenn Rückmeldungen ausbleiben und dadurch Steuerschritte nicht
ausgeführt bzw. verspätet ausgeführt werden. Ursachen für solche
verspätete Rückmeldungen können zu geringer Versorgungsdruck bei
hydraulichen oder pneumatischen Antrieben, Undichtigkeiten oder
zu hohe Reibkräfte sowie zum erforderlichen Zeitpunkt nicht vorhandene Werkstücke sein. Dabei sind zwei Alternativen denkbar:

A) Durch Vergleich mit <u>einem</u> Grenzwert (eine Schwelle) wird
    lediglich festgestellt, daß ein Vorgang länger als ein
    vorgegebener Wert gedauert hat. Die Frage, ob und wann das
    Ereignis eingetreten ist, bleibt hierbei ohne Bedeutung.

B) Durch Vergleich mit zwei Grenzwerten T_{G1} und T_{G2} werden
    drei Zeitbereiche unterscheidbar:

    a) Vorgang wurde rechtzeitig beendet (T T_{G1}),
    b) Vorgang wurde verspätet aber innerhalb einer Wartezeit
       beendet (T_{G1} T T_{G2}) und
    c) Vorgang wurde innerhalb der Wartezeit nicht beendet
       (T T_{G2}).

Bei Alternative B sind verschiedene Reaktionen ableitbar, beispielsweise in der Art, daß bei b) die Maschine weiterlaufen
soll und eine Warnmeldung ausgegeben wird und im Fall c) jedoch
auf Störung umgeschaltet wird. In diesem Fall ist eine diffe-
renzierte Überwachung möglich. Bild 23 zeigt den Programmbaustein 2 für eine einfache Zeitüberschreitung nach Fall A.

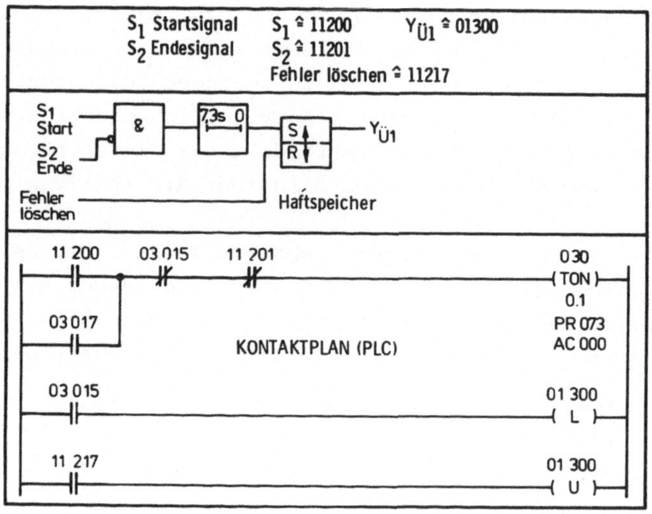

Bild 23: Programmbaustein 2, Zeitüberschreitung (eine Schwelle)
mit Haftspeicher

Bei SPS mit Wortverarbeitungsstruktur sind (herstellerabhängig)
Datentransfer- und Vergleichsbefehle vorhanden. Die Verwendung
dieser Befehle ermöglicht ebenfalls Programmbausteine zur Erkennung von Zeitunter- bzw. -überschreitung. Bild 24 zeigt Programmbaustein 3, der unter Verwendung von Datentransfer- und
Vergleichsbefehlen aufgebaut ist. Die Funktion ist identisch
mit Programmbaustein 2.

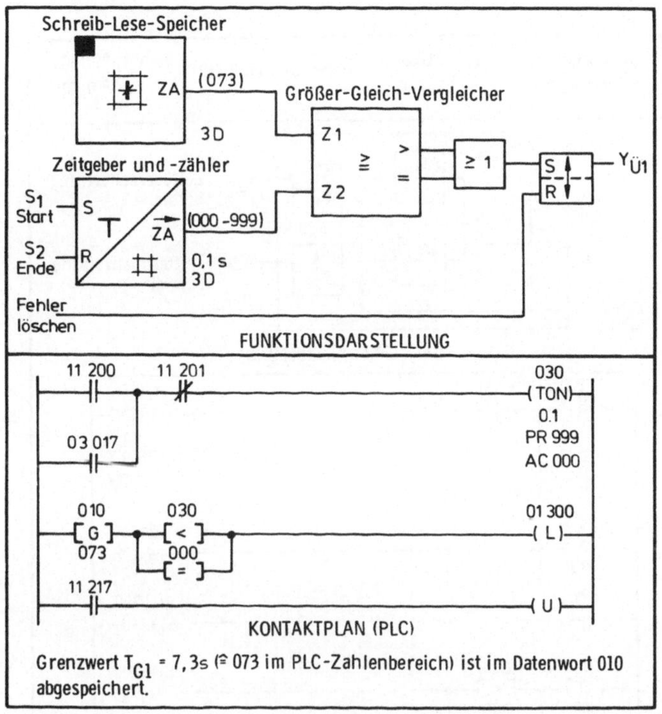

Bild 24: Programmbaustein 3, Zeitüberschreitung (eine Schwelle)
mit Haftspeicher unter Verwendung von Datentransfer-
und Vergleichsbefehlen

Eine differenziertere Überwachung auf Zeitüberschreitung nach
B erfordert zwei Zeitglieder (zweimal Programmbaustein 2) oder
ein Zeitglied und Datentransfer- und Vergleichsoperationen
(siehe Bild 25).

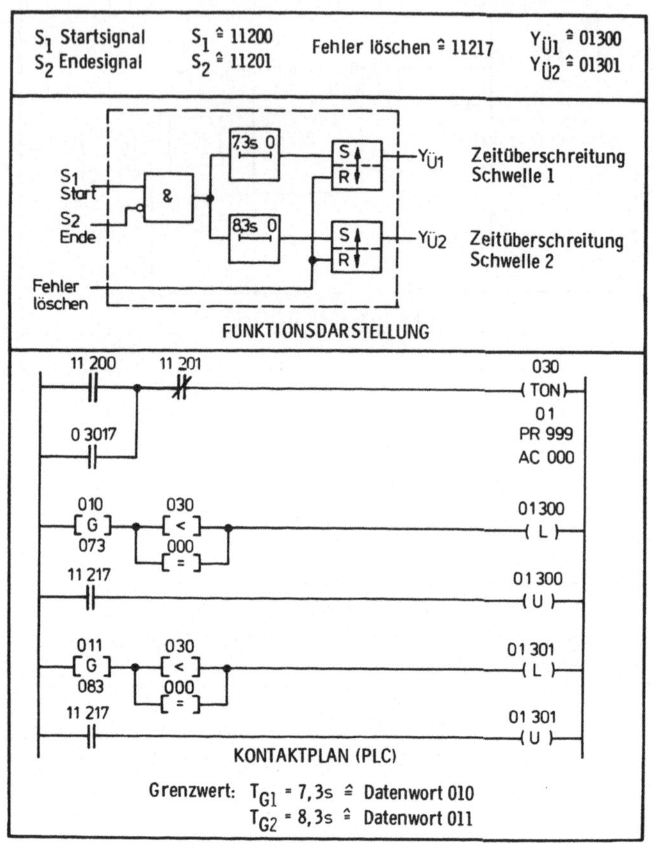

Bild 25: Programmbaustein 4, Zeitüberschreitung (zwei Schwellen)
mit Haftspeicher unter Verwendung von Datentransfer-
und Vergleichsbefehlen

Im Programmbaustein 4 ist es bei identischer Funktion möglich,
Speicherplatz durch Weglassen einer Vergleichsoperation einzu-
sparen. Dazu ist die Verringerung der Grenzwerte um einen Schritt
der Zeitbasis erforderlich. Bild 26 zeigt den zu Bild 25 funk-
tionsidentischen Programmbaustein 5.

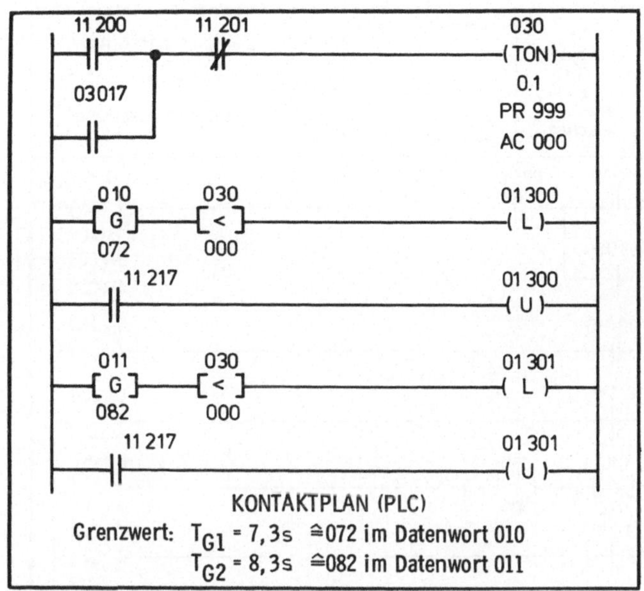

Grenzwert: $T_{G1} = 7{,}3\,$s $\widehat{=} 072$ im Datenwort 010
$T_{G2} = 8{,}3\,$s $\widehat{=} 082$ im Datenwort 011

Bild 26: Programmbaustein 5, Zeitüberschreitung (2 Schwellen),
speicherplatzminimiert, funktionsidentisch mit Programmbaustein 4

Durch Kombination ist der Universal-Programmbaustein 6 für Zeitunterschreitung und -überschreitung auf zwei Grenzwerte realisierbar (s. Bild 27).

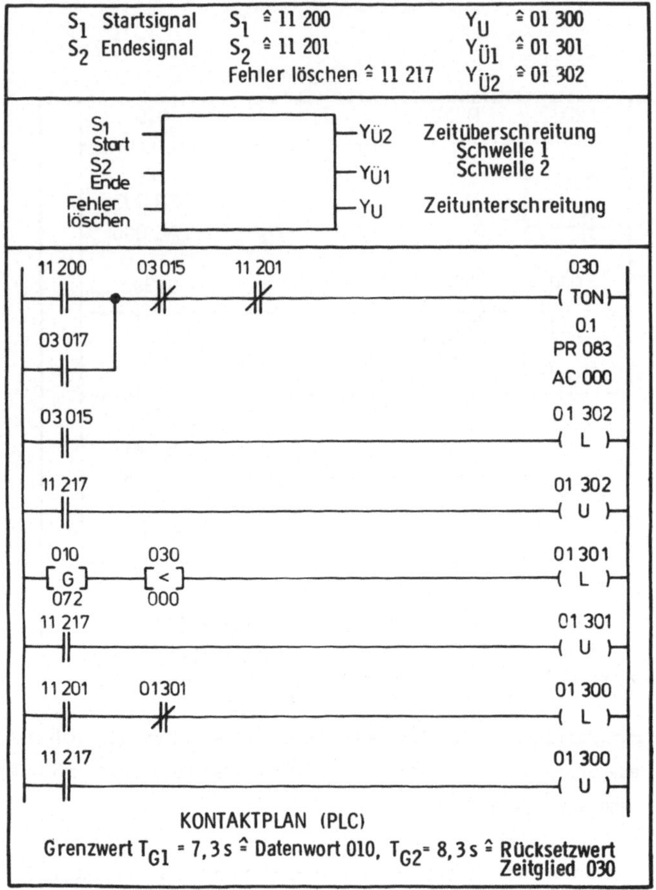

Bild 27: Programmbaustein 6, Zeitunterschreitung und -über-
schreitung (2 Schwellen) mit Haftspeicher

3.5.3.2 Vergleich der Programmbausteine zur Zeitüberwachung

Ein Vergleich der Programmbausteine mit Haftspeicherverhalten
hinsichtlich Leistungsfähigkeit und Speicherplatzbedarf zeigt,
daß die Verwendung von Datentransfer- und Vergleichsoperationen
(an der untersuchten SPS-Familie /63,64/) geeignet ist, den
SPS-Speicherplatz günstiger auszunutzen. Insbesondere mit Programmbaustein 6 sind die Voraussetzungen zur leistungsfähigen
und speicherplatzminimalen Zeitüberwachung gegeben.

Programm-baustein Nr.	Zeitunter-schreitung	Zeitüberschreitung mit		Anzahl Zeitglieder	Daten-transfer- und Vergleichs-befehle notwendig	Speicher-platz (Worte)
		1 Grenze	2 Grenzen			
1	x			1	-	15
2		x		1	-	12
3		x		1	x	16
4			x	1	x	25
5			x	1	x	17
6	x		x	1	x	22

X bedeutet: möglich bzw. erforderlich

Bild 28: Vergleich der Programmbausteine zur Zeitüberwachung

3.5.3.3 Bildungsvorschriften für die Eingangssignale zur Zeitüberwachung

Die vorgestellten Programmbausteine sind für universelle Verwendung ausgelegt. An das Startsignal S1 und das Endesignal S2 werden dabei folgende Forderungen gestellt:

- S1 = 1 darf nicht länger anstehen als dem obersten Grenzwert entspricht (Wiederstart) und
- S2 = O zu Beginn der Überwachung.

Die Bildung der beiden Signale muß an den Funktionsablauf des zu überwachenden Vorganges angepaßt werden und ist damit von der konkreten Überwachungsaufgabe abhängig. Nachfolgend werden die Bildungsvorschriften für die häufig vorkommenden Aufgaben:

- Zeitüberwachung einer Bewegung mit zwei Endlagen,
- Zeitüberwachung eines Ablaufschrittes einer Ablaufkette und
- Maschinenzyklus-Zeitüberwachung

angegeben.
Kennzeichnend für die Zeitüberwachung von Bewegungen ist, daß das Antriebselement zwei Endlagen besitzt und durch Steuern eines Energieflusses von einer Endlage in die andere überführt wird. Dabei wird das Erreichen einer Endlage jeweils durch einen zugeordneten Grenztaster erfaßt. Beispiele solcher Arbeitseinheiten

sind elektrische, pneumatische und hydraulische Vorschub- oder
Dreheinheiten. Bei hydraulischen und pneumatischen Einheiten
wird das Antriebselement durch die Steuerung eines Ventiles umgeschaltet. Hierbei sind Steuerventile ohne Speicherverhalten
(mit Federrückstellung) und mit Speicherverhalten (Impulsventile)
zu unterscheiden. Für diese beiden Fälle zeigt Bild 29 die Ansteuerung der Zeitüberwachungsprogramme. Bei Ventilansteuerung
mit Dauersignal muß Ventilansteuersignal y durch UND-Verknüpfung mit dem jeweiligen Grenztastersignal zeitlich verkürzt werden.

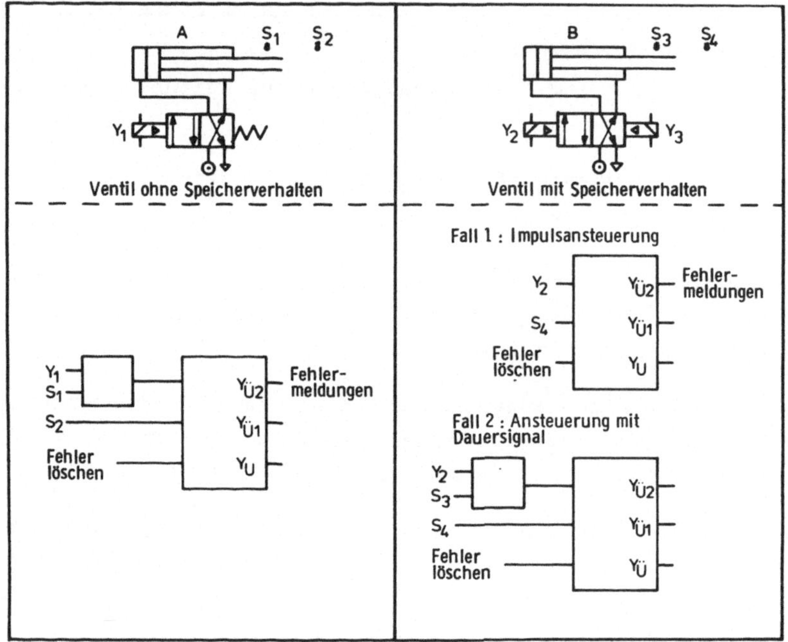

Bild 29: Ansteuerung von Zeitüberwachungsbausteinen für eine
Bewegung bei Ventilen ohne und mit Speicherverhalten

Das Prinzip der Zeitüberwachung eines Ablaufschrittes sowie der
Maschinenzykluszeit bei Ablaufsteuerungen zeigt Bild 30.
Bei den vorangegangenen Überlegungen wurde davon ausgegangen,
daß die Grenzwerte der Zeitüberwachungsbausteine fest vorgegeben
sind. Bei der Maschinenzyklus-Zeitüberwachung von verzweigten
Programmabläufen (bedingt durch z.B. verschiedene Werkstücke)

treten je nach durchlaufenem Zweig unterschiedliche Zeiten auf.
Dies kann bei den Überwachungsbausteinen durch Anpassung der
Zeitgrenzen (Datentransferbefehle) je nach durchlaufener Verzweigung oder durch mehrere Überwachungsbausteine für jeweils
eine Verzweigung berücksichtigt werden.

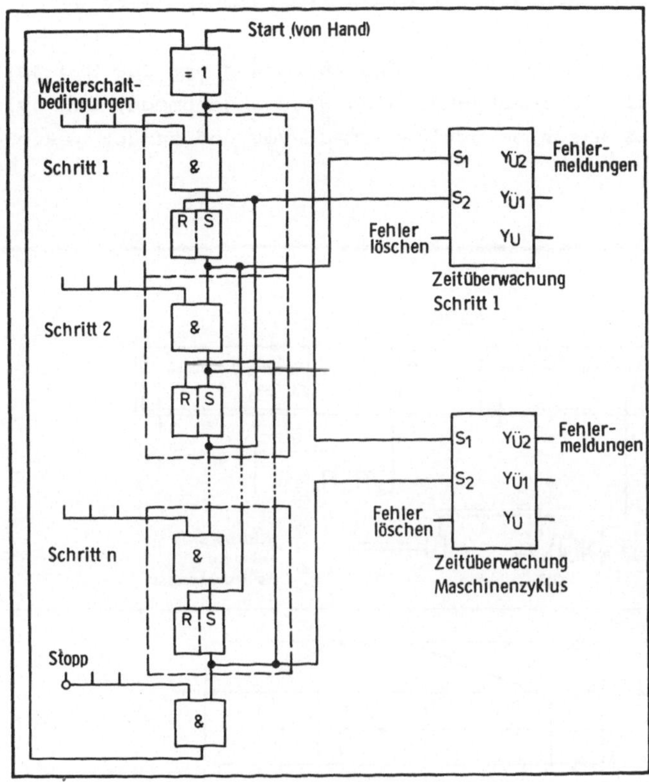

Bild 30: Zeitüberwachung eines Ablaufschrittes und der Maschinenzykluszeit bei Ablaufsteuerungen (Prinzipdarstellung)

3.5.3.4 Grenzen der bekannten Überwachungsverfahren am Beispiel einer pneumatisch angetriebenen Arbeitseinheit

Am Beispiel einer pneumatisch angetriebenen Arbeitseinheit, bestehend aus Stellglied, Arbeitsglied und Signalgliedern sowie entsprechender Verdrahtung sollen die Fehlererkennungsmöglichkeiten und -grenzen der einzelnen Programmbausteine gezeigt werden.
Bild 31 zeigt die technologische Anordnung und das Weg-Zeit-Diagramm. Für die Fehleruntersuchung wird angenommen, daß Zylinder Z während eines Maschinenzyklus einmal vor und zurück gesteuert werden soll.

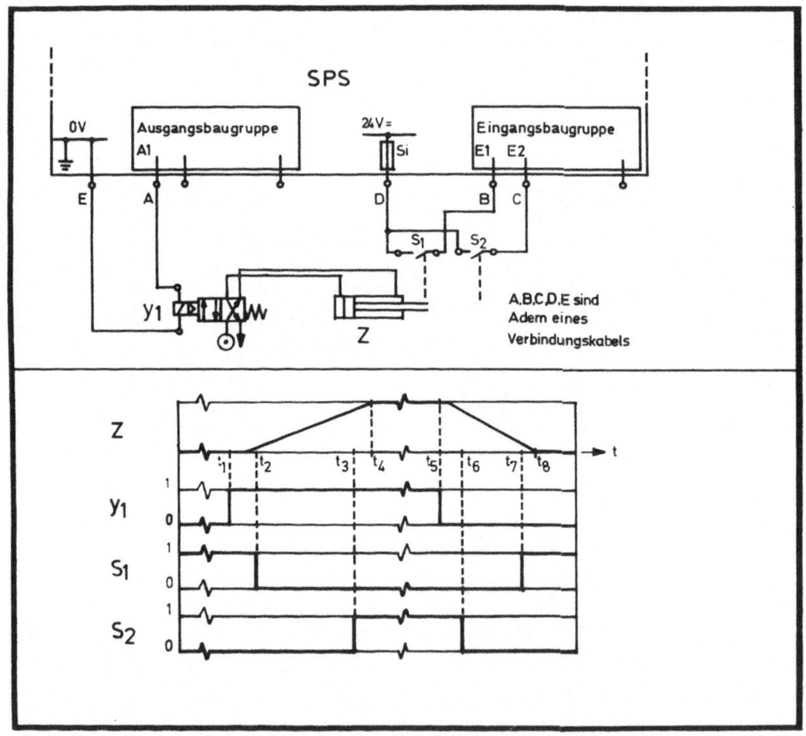

Bild 31: Technologieschema und Weg-Zeit-Diagramm einer pneumatisch angetriebenen Arbeitseinheit

Im Weg-Zeit-Diagramm ergeben sich auf der Zeitachse acht für die Überwachung signifikante Zeitpunkte t_1 bis t_8. Die Zeitpunkte t_1 und t_5 kennzeichnen das Auslösen der Vorwärts- und Rückwärtsbewegung und stellen das auslösende Ereignis für die Überwachung dar. Erwartete Ereignisse sind jeweils die zu den Zeitpunkten t_2, t_3, t_6 und t_7 eintretenden Änderungen von S1 und S2. Die Zeitpunkte t_4 und t_8 drücken sich nicht in Signaländerungen aus und daher für die Überwachung ohne Bedeutung. Die Differenzen zwischen den Zeitpunkten t_1 ... t_2, t_3 ... t_4, t_5 ... t_6 und t_7 ... t_8 sind durch unvermeidliche mechanische und elektrische Verzögerungen bestimmt.

Mögliche Fehlerquellen sind:

1. Leitungsunterbrechnungen (Aderbruch, Kontaktfehler),

2. Leitungsschluß (Aderschluß, Erdschluß),

3. Grenztasterkontakt schließt nicht (Grenztaster lose oder verschoben, mechanischer Defekt),

4. Grenztasterkontakt öffnet nicht (Verklemmen, Federbruch, Verschweißen der Kontakte),

5. Endstellung wird nicht erreicht (mechanischer Defekt, Druckausfall, defektes Ventil),

6. Endstellung wird selbstätig verlassen (Druckausfall, Gegenkraft) und

7. Endstellung wird vorzeitig gemeldet (Teil eingeklemmt).

Die unterschiedlichen Auswirkungen dieser Fehler und mögliche Erkennungsverfahren zeigt Bild 32. Dabei liegen folgende Annahmen zugrunde:

- Grenztastersignale dienen als Weiterschaltbedingungen einer Ablaufkette,
- zum Einleiten einer Bewegung ist die Rückmeldung der entsprechenden Ausgangsstellung Vorbedingung,
- Sicherung Si in der Stromversorgung der SPS-Eingänge sei so bemessen, daß der mögliche Strom zum Schalten des Magnetventiles nicht ausreicht,
- ohmscher Eingangswiderstand der SPS-Eingänge ist hoch gegenüber dem Widerstand der Magnetventilspule,
- SPS-Ausgänge sind gegen Überlastung und Gegenspannung geschützt und
- es sollen nur Einfach-Fehler auftreten.

Fehler	Auswirkungen	Fehlererkennung 2)
1. Leitungsunterbrechung a) Ader A oder E b) Ader B,C,D	Ventil schaltet nicht, Zylinder fährt zurück oder bleibt hinten. Zylinder bleibt hinten bzw. vorne, keine Weiterschaltsignale, Maschine bleibt stehen.	3,5 1,5
2. Leitungsschluß a) Adern A-B,(A-C) Adern A-D b) Adern A-E 1) c) Adern B-C,B-D,C-D d) Adern D-E e) Adern B-E, C-E	Bei A1='O' und S1 geschlossen: Sicherung S1 spricht an, danach wie 1b), bei A1='1' erfolgen Weiterschaltsignale. Sicherung spricht an bei A1=O, danach wie 1b). Ventil überbrückt, Zylinder fährt zurück oder bleibt hinten, Ausgangsüberlastung spricht an. Weiterschaltsignale. Sicherung spricht an, danach wie 1b). Sicherung spricht an bei S1 bzw. S2 = 1 danach wie 1b).	1,4 oder 5 bedingt 2 1,5 3,5 1,2,4 1,5 1,5
3. Grenztasterkontakt <u>schließt nicht</u>	wie 1b)	5 bedingt 1
4. Grenztasterkontakt <u>öffnet nicht</u>	wie 2c)	2,4,5, bedingt 1
5. Endstellung wird <u>nicht erreicht</u>	Rückmeldesignal bleibt aus, keine Weiterschaltsignale, Maschine bleibt stehen.	5
6. Endstellung wird <u>selbstätig verlassen</u>	vor eingeleiteter Bewegung wie 1b), nach beendeter Bewegung: keine Reaktion der Steuerung.	Erkennung erst beim nächsten Steuerschritt (4,5)
7. Endstellung wird <u>vorzeitig gemeldet</u>	vorzeitige Weiterschaltbedingungen.	4, bedingt 2

<u>Anmerkungen:</u>   1) Für Erdschluß gilt dasselbe wie für Aderschluß mit Ader E.
                2) Es bedeuten: 1 = Eingangsüberwachung mit Wechselkontakten, 2 = Paarweise Endschalterüberwachung, 3 = Ausgangsüberwachung, 4 = Zeitunterschreitung, 5 = Zeitüberschreitung.

Bild 32: Fehlerauswirkung an der Arbeitseinheit nach Bild 31 und mögliche Erkennungsverfahren

Wie Bild 32 zeigt, sind bei einem Teil der Fehler einzelne Überwachungsverfahren, bei (kurzzeitigem) Fehler 6 alle Überwachungsverfahren wirkungslos. Dieser Fehler kann in der Praxis beispielsweise das vorzeitige Lösen eines gespannten Werkstückes und damit Gefahr für Mensch, Maschine und Werkstück bedeuten. Falls
Fehler 6 auf Druckausfall zurückzuführen ist, kann dies durch
einen Druckwächter erkannt werden.

3.5.3.5 Das Verfahren der kontinuierlichen Überwachung

Aus den genannten Gründen stellt sich daher die Forderung nach
einem Überwachungsbaustein, der alle Fehlerquellen einschließt.
Diese Forderung wird mit dem Verfahren der kontinuierlichen
Überwachung erfüllt. Das Prinzip besteht darin, daß
- über den gesamten Maschinenzyklus die Sollzustände für beide
  Grenztaster vorgegeben und deren Einhaltung überprüft wird
  und
- während der Zylinderbewegungsphasen Zeitbereiche bestehen,
  in denen Signaländerungen stattfinden müssen.

Dieser Zusammenhang wird an dem in Kapitel 3.5.3.5 vorgestellten
Beispiel verdeutlicht. Hierzu zeigt Bild 33 das Weg-Zeit-Diagramm
mit Bereichsgrenzen für zulässige Signaländerungen. Signaländerungen von S1 sind nur in den Zeitbereichen 2 oder 8, Änderungen
von S2 nur in den Bereichen 4 oder 6 zulässig.

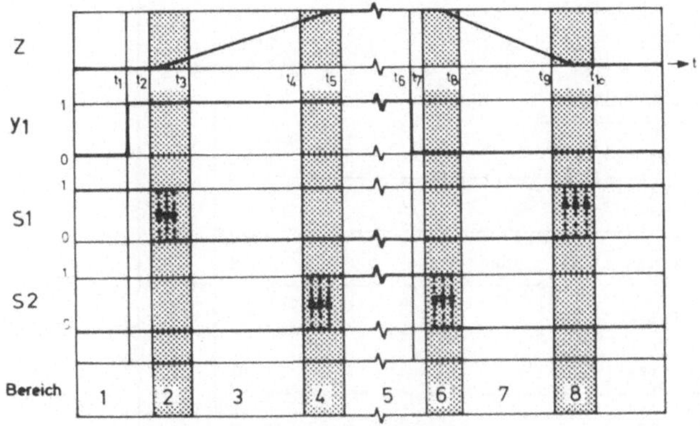

t_1 Startzeitpunkt für Vorwärtsbewegung,
t_6 Startzeitpunkt für Rückwärtsbewegung,
$t_2, t_3, t_4, t_5, t_7, t_8, t_9, t_{10}$ Bereichsgrenzen für Signaländerungen

Bild 33: Weg-Zeit-Diagramm mit Bereichsgrenzen für Signaländerungen der Anordnung nach Bild 31

Die kontinuierliche Überwachung ist realisierbar durch die Erzeugung eines Zeitrasters mit zusätzlichen Sollwerten der betreffenden Signale und bereichsweisem Vergleich mit den Istwerten. Die Überwachungsgenauigkeit hängt ab von der Breite der Bereichsgrenzen für zulässige Signaländerungen. Die Mindestwerte werden bestimmt durch die zulässige Streuung der Bewegungsdauer. Einen Programmbaustein für die Überwachung einer Bewegung zeigt Bild 34. Dieser Baustein kann für die Überwachung der Vorwärts- und Rückwärtsbewegung ausgebaut und minimiert werden /65/. Aus Gründen einer übersichtlichen Darstellung wurde auf die Wiedergabe verzichtet.

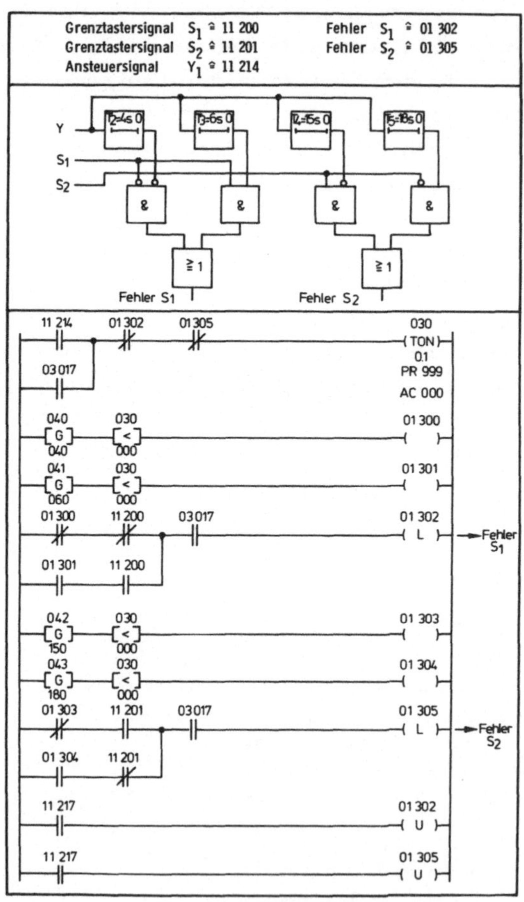

Bild 34: Programmbaustein zur kontinuierlichen Überwachung einer Bewegung

Den Nachweis der Fehlererkennung und die Erkennungszeitpunkte
zeigt Bild 35.

Fehler	Zeitpunkt des Auftretens	spätester Zeitpunkt der Erkennung	Bemerkungen
1. Leitungs- unterbrechungen	t_6 bis t_3	t_3	Zylinder kann nicht vorfahren
	t_3 bis t_5	t_5	Zylinder erreicht vordere Endlage nicht
a) Ader A oder E	t_5 bis t_6	nach T_{F1} 1)	Zylinder fährt zurück
b) Ader D	t_2 bis t_5	t_5	
	t_5 bis t_7	sofort	
	t_7 bis t_{10}	t_{10}	
	t_{10} bis t_2	sofort	
c) Ader B	t_2 bis t_{10}	t_{10}	
	t_{10} bis t_2	sofort	
d) Ader C	t_5 bis t_7	sofort	
	t_7 bis t_5	t_5	
2. Leitungsschluß			
a) <u>Adern A - B</u>	t_{10} bis t_1	nach T_{Si} 3)	Sicherung spricht an,
	t_1 bis t_3	t_3	wenn y = 0 und S_1 bzw. $S_2 = 1$
	t_3 bis t_6	sofort	
	t_6 bis t_{10}	$t_{10} + T_{Si}$ 3)	
Adern A - C	t_6 bis t_7	nach T_{Si} 3)	
	t_7 bis t_1	t_1	
	t_1 bis t_4	sofort	
	t_4 bis t_6	$t_6 + T_{Si}$ 3)	
Adern A - D	t_1 bis t_6	$t_6 + T_{Si}$ 3)	Sicherung spricht an, wenn y=0 wird
	t_6 bis t_1	nach T_{Si} 3)	
Adern A - E	t_6 bis t_3	t_3	wie 1a)
	t_3 bis t_5	t_5	
	t_5 bis t_6	nach T_{F1} 1)	
b) Adern B - C	t_2 bis t_5	t_5	
	t_5 bis t_7	sofort	
	t_7 bis t_{10}	t_{10}	
	t_{10} bis t_2	sofort	
Adern B - D	t_3 bis t_9	sofort	
	t_9 bis t_3	t_3	
Adern B - E	t_{10} bis t_2	sofort	Sicherung spricht an
	t_2 bis t_{10}	t_{10}	
c) Adern C - D	t_8 bis t_4	sofort	
	t_4 bis t_8	t_8	
Adern C - E	t_5 bis t_7	sofort	Sicherung spricht an
	t_7 bis t_5	t_5	
d) Adern D - E	t_2 bis t_5	t_5	Sicherung spricht an
	t_5 bis t_7	sofort	
	t_7 bis t_{10}	t_{10}	
	t_{10} bis t_2	sofort	

Bild 35: Fehlererkennung und Erkennungszeitpunkte der kontinuierlichen Überwachung (Teil 1)

Fehler	Zeitpunkt des Auftretens	spätester Zeitpunkt der Erkennung	Bemerkungen
3. <u>Grenztasterkontakt schließt nicht</u> a) S_1 b) S_2	t_2 bis t_{10} t_{10} bis t_2 t_5 bis t_7 t_7 bis t_5	t_{10} sofort sofort t_5	
4. <u>Grenztasterkontakt öffnet nicht</u> a) S_1 b) S_2	t_3 bis t_9 t_9 bis t_3 t_4 bis t_8 t_8 bis t_4	sofort t_3 t_8 sofort	
5. <u>Endstellung wird nicht erreicht</u>	t_1 bis t_5 t_6 bis t_{10}	t_5 t_{10}	bei Vorwärtsbewegung bei Rückwärtsbewegung
6. <u>Endstellung wird selbsttätig verlassen</u> a) vordere b) hintere	 t_5 bis t_6 t_{10} bis t_1	 nach T_{F1} 1) nach T_{F2} 2)	
7. <u>Grenztaster wird vorzeitig betätigt</u>	t_1 bis t_4 t_6 bis t_9	sofort sofort	bei Vorwärtsbewegung bei Rückwärtsbewegung

<u>Anmerkungen :</u>

1) T_{F1} ist die Zeit, die vergeht bis S_2 frei wird nach dem Abfallen des Ventils, $T_{F1} \leqq t_8 - t_6$

2) T_{F2} ist die Zeit, die vergeht bis S_1 frei wird nach dem Ansteuern des Ventils, $T_{F2} \leqq t_3 - t_1$

3) T_{Si} ist die Ansprechzeit der Sicherung Si

Bild 35: Fehlererkennung und Fehlererkennungszeitpunkte der kontinuierlichen Überwachung (Teil 2)

Das Verfahren der kontinuierlichen Überwachung ist auf beliebig viele Funktionen eines Maschinenablaufes erweiterbar. Am Beispiel eines Maschinenmodells /66/ sei die Erweiterung auf mehrere Arbeitseinheiten und die Bildung der Signalgeber-Sollwertmatrix gezeigt (s. Bild 36). Die Soll- und Istwerte der Signalgeber können als Einzelsignale oder bei entsprechender

Adressenzuordnung als Summensignale (Datenwort) abgespeichert
und verglichen werden. Bei SPS mit Wortstruktur läßt sich mit
Datentransfer- und Vergleichsbefehl die Fehlererkennung einfach realisieren.

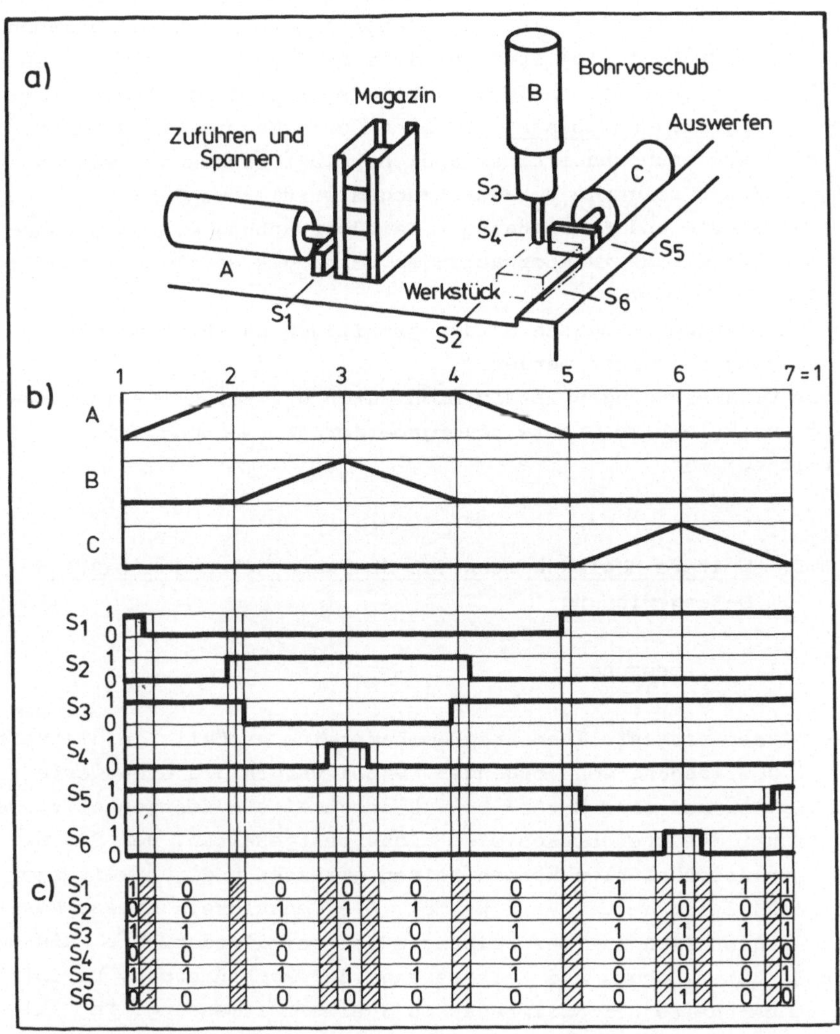

Bild 36: Maschinenmodell, a) Technologieschema, b) Weg-Schritt-
Diagramm, c) Signalgeber-Sollwertmatrix

3.5.4 Mehrfachverwendung von Programmbausteinen zur Zeitüberwachung

Die in Kapitel 3.5.3 vorgestellten Programmbausteine sind für die Zeitüberwachung eines Vorganges vorgesehen. Die Überwachung von n-Vorgängen erfordert die n-malige Programmierung des entsprechenden Bausteines. Bei umfangreichen Überwachungsaufgaben wird entsprechend viel Speicherplatz benötigt. Bei der Zeitüberwachung gleichartiger Aufgaben, bei denen eine zeitliche Überschneidung ausgeschlossen ist, kann durch Mehrfachverwendung eines Überwachungsbausteines Speicherplatz eingespart werden. Dabei müssen folgende Voraussetzungen erfüllt werden:
- das Start- und Endsignal der Zeitüberwachung muß aus Signalen des gerade zu überwachenden Vorganges gebildet werden und
- die Grenzwerte müssen an den jeweiligen zu überwachenden Vorgang angepasst werden.

Diese Voraussetzungen lassen sich durch die selektive Ansteuerung und selektive Grenzwertvorgabe der Überwachungszeitglieder erreichen /65/.

3.5.5 Weitere Möglichkeiten der Überwachung einschließlich Datengewinnung

3.5.5.1 Zeitmessung

Die bisher vorgestellten Programmbausteine ermöglichen die zeitliche Überwachung von Vorgängen. Dabei werden die Grenzwerte vorgegeben und eine Unter- bzw. Überschreitung festgestellt. Der Zeitpunkt des Ereignisses wird nicht festgehalten. Bei SPS mit Datentransferbefehlen können Zeiten gemessen und für weitergehende Analysen gespeichert werden. Die Genauigkeit dieser Messung ergibt sich aus der Zeitbasis der Zeitglieder. Die Maßnahmen zur Zeitüberwachung und Zeitmessung sind kombinierbar, beispielsweise beinhaltet Programmbaustein 3 eine Zeitmessung. In Fällen, in denen lange Zeiten oder Zeiten mit von der SPS-Zeitbasis abweichenden Zeitschritten (z.B. Minuten) gemessen werden sollen, bietet sich die Verwendung eines entsprechenden Taktgebers und

die Aufsummierung der Taktgeberimpulse in einem Zähler an. Eine
derartige Anwendung wird in Kap. 5.2 vorgestellt.

Durch die Möglichkeit der Zeitmessung sind die Voraussetzungen
für weitergehende Überwachungsmethoden und Analysen gegeben. Dabei existieren folgende grundsätzliche Möglichkeiten für die
Weiterverarbeitung dieser Meßdaten:

- Protokollierung der Meßwerte und nachträgliche manuelle Auswertung,
- Datenübertragung zu einem übergeordneten Auswerterechner, der
  die Meßwerte übernimmt und weiterverarbeitet und
- weitere Datenaufbereitung in der SPS.

Bei den ersten beiden Möglichkeiten sind der Art der Weiterverarbeitung und Auswertung (fast) keine Grenzen gesetzt. Die gemessenen Zeiten enthalten Informationen über den Zustand der Maschine,
die durch Anwendung statistischer Methoden herauskristallisiert
werden können (vergl. Kap. 4). Aber auch SPS-intern sind verschiedene Analysen durchführbar. Einige dieser Möglichkeiten sollen im
folgenden erläutert werden:

- Erkennen von Trends, d.h. der Änderungsgeschwindigkeit dadurch,
  daß geprüft wird, ob eine bestimmte Anzahl von aufeinanderfol-
  genden Meßwerten laufend größer oder kleiner werden,
- Ermittlung von Häufigkeitsverteilungen einzelner Meßwerte oder
- Berechnung des arithmetischen Mittelwertes und Überprüfung un-
  zulässiger Abweichungen.

3.5.5.2 Trendermittlung

Die Trendermittlung von Meßwerten kann ein geeignetes Mittel sein,
um Fehler bereits in der Entstehungsphase zu erkennen und Schäden
und Ausfallzeiten durch präventive Maßnahmen zu verhindern. Da
beispielsweise die Ausführungsdauer einzelner Vorgänge innerhalb
gewisser Grenzen schwankt, ist eine bestimmte Mindestanzahl von
Meßwerten erforderlich. Versuche haben gezeigt, daß ein stetiger
Trend innerhalb von mehr als 5 Meßwerten mit hoher Wahrscheinlich-
keit auf einen Fehler zurückzuführen ist. Für die Realisierung
mit SPS gibt es zwei Möglichkeiten, die die Erkennung eines Trends
innerhalb der letzten n-Meßwerte im SPS-Programm bewerkstelligen.

Diese sind:

- Speicherung der letzten n-Meßwerte und Abfrage, ob die
  letzten n-Werte jeweils größer oder kleiner sind als ihre
  Vorgängerwerte und

- Speicherung nur des letzten Meßwertes und Abfrage mit jedem
  neuen Meßwert, ob er größer oder kleiner ist als sein Vor-
  gänger. Setzt sich hierbei ein begonnener Trend fort, so
  wird ein Zähler inkrementiert. Bei Umkehrung wird der
  Zähler rückgesetzt. Das Erreichen eines vorgegebenen Zähler-
  standes stellt das Kriterium dar.

In beiden Fällen müssen mit jedem neuen Meßwert die alten Meßwerte um eine Speicherzelle verschoben werden. Zur Realisierung
der Trenderkennung genügen Befehle zum Datentransfer und
-vergleich.

3.5.5.3 Mittelwertberechnung

Für die Berechnung des arithmetischen Mittelwertes $\bar{x}$ aus n-
Meßwerten x_i werden arithmetische Grundoperationen benötigt.
Die einzelnen Meßwerte müssen aufsummiert und die Summe durch
die Anzahl der Werte dividiert werden. Bei beliebigen Werten
von n sind bei der Berechnung aufgrund von Einschränkungen
im SPS-Zahlenbereich umfangreiche Rechenoperationen zu programmieren. Eine einfachere Möglichkeit ist die Summenbildung
über beispielsweise 100, 200 oder 500 Meßwerte und anschlies-
sende Berechnung. Die Division ist hier einfacher. Auch kann
ganz auf die Division verzichtet und stattdessen die Summe
ausgegeben werden.

3.5.5.4 Berechnung von Häufigkeiten

Die Ermittlung von Häufigkeiten einzelner Meßwerte bzw. Klassen-
einteilung ist bei SPS ohne die Verwendung arithmetischer Operationen möglich. Hierbei ist festzustellen, wie oft jeder einzelne Meßwert während einer Meßperiode aufgetreten ist und wie
oft die Meßwerte innerhalb oder außerhalb vorgegebener Bereiche
liegen. Die Kenntnis der Häufigkeitsverteilung von Ausführungszeiten ist vor allem für zwei Anwendungsfälle interessant:
- in der Inbetriebnahmephase einer Maschine können daraus die
  Grenzen für die Zeitüberwachung ermittelt werden und
- während des Betriebes lassen sich aus Veränderungen der Häufigkeitsverteilung Veränderungen an den Maschinen erkennen
  (vergl. Kap. 4).

SPS-Programme zur Berechnung und Ausgabe von Häufigkeitsverteilungen sind grundsätzlich möglich, erfordern aber bei genügend
feiner Klassenaufteilung hohen Programmieraufwand sowie Speicherplatzbedarf. Solche Programme sind eher als Testprogramme zu be-
trachten. Da bei frei programmierbaren Steuerungen ein schneller
Programmaustausch möglich ist, können solche Programme in den
Betriebspausen alternativ zum eigentlichen Steuerprogramm eingesetzt werden. Dabei können beispielsweise in periodischen Ab-
ständen die Verteilung von einzelnen Funktionen ermittelt werden.
Bild 37 zeigt einen SPS-Originalausdruck.

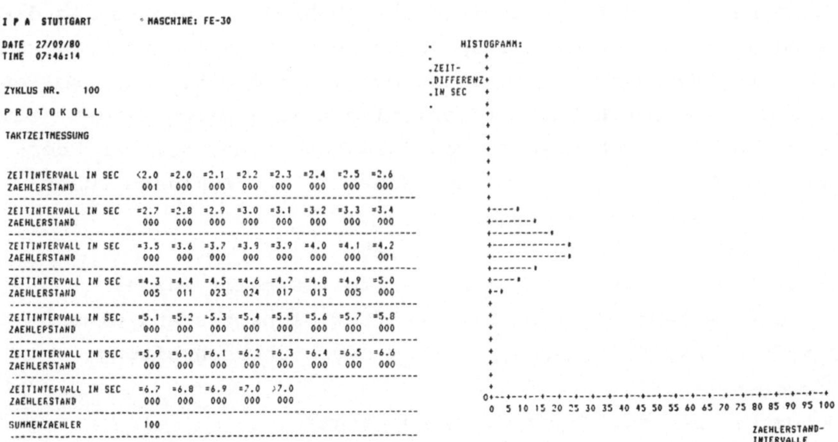

Bild 37: SPS-Darstellung einer Häufigkeitsverteilung (Original-
ausdruck)

3.5.6 Automatische Sollwertermittlung bei Zeitüberwachung

Für die Zeitüberwachung von Arbeitseinheiten müssen die betreffenden Grenzwerte für Zeitüber- bzw. -unterschreitung ermittelt
werden. Diese Grenzwerte werden vom Maschinenkonstrukteur vorge-
schrieben oder durch manuelle Messung (Stoppuhr oder Zeitmessung
nach Kap. 3.5.5.1) im fehlerfreien Betrieb und Bewertung ermittelt und durch manuelle Eingabe programmiert. Bei SPS mit Arithme-
tik- und Datentransferbefehlen ist es bei vorgegebenen Toleranz-
zonen möglich, diese Grenzwerte selbsttätig zu ermitteln. Dabei
müssen folgende Aufgaben gelöst werden:
- Messung der Ausführungsdauer (eine Messung oder mehrere Messungen mit Mittelwertbildung),
- Grenzwertberechnung aus gemessenen Werten unter Berücksichtigung von vorgegebenen Faktoren (z.B. zuzüglich 10 % bei Zeit-
  über- und abzüglich 10 % bei -unterschreitung) und
- Datentransfer der berechneten Grenzwerte.
Die automatische Sollwertermittlung wird abgeschlossen durch Ausgabe und Protokollierung der ermittelten Grenzwerte.

3.5.7 Aufbau und Ausgabe von Klartext-Meldungen

Die Erkennung eines Fehlers erfordert die Erzeugung und Ausgabe
einer Meldung. An dieser Stelle werden die Möglichkeiten zur Ausgabe und Aufbau von Klartext-Meldungen behandelt. Unabhängig davon sind akustische und/oder optische Meldesignale durch Programmieren entsprechender SPS-Ausgänge möglich. Im Fehlerfall sollen
alle in der SPS verfügbaren Informationen ausgegeben werden, die
für eine schnelle Fehlersuche von Bedeutung sind. Bei der Überwachung von Arbeitseinheiten oder Schritt- und Zykluszeitüberwachung sind dies beispielsweise:
- gerade durchgeführter Steuerschritt,
- Arbeitseinheit, an der der Fehler festgestellt wurde,
- Art des Fehlers wie z.B. fehlerhafter Signalzustand eines
  Grenztasters, Zeitunterschreitung oder -überschreitung,
  Trendfehler und
- Meßwerte über die Dauer eines Vorganges.

Für diese detaillierten Meldungen kommen vor allem Leuchttableaus,
Displays und Datensichtgeräte bzw. Datendrucker in Betracht.
Leuchttableaus und Displays sind nur zur Meldung von festen bzw.
kurzen Texten geeignet, deshalb werden ausschließlich Datensichtgeräte und Datendrucker weiter untersucht.
Die Verwendung eines Druckers hat den Vorteil, daß die Meldungen
gleichzeitig protokolliert werden. Auf der Grundlage dieser Protokolle kann eine nachträgliche Auswertung erfolgen. Dadurch
können bei automatischer Weiterverarbeitung Informationen über
Anzahl, Dauer und Ursachen von Fehlern gewonnen und weiterverarbeitet werden. Datensichtgeräte sind zudem durch die Anzahl maximal darstellbarer Zeilen in ihrer Darstellungsart (beispielsweise
bei Betriebsprotokollen) begrenzt. Für die spätere Auswertung von
protokollierten Fehlermeldungen sind noch zusätzliche Informationen notwendig über:
- Name oder Nummer der fehlerhaften Maschine,
- Datum,
- Uhrzeit und
- Nummer des Zyklus in dem der Fehler auftrat.
Bild 38 zeigt den hierarchischen Aufbau und den Inhalt von Klartextmeldungen. Je nach der Art der Meldung sind dabei unterschiedliche Klartexte mit unterschiedlicher Feinheit möglich.
Beispiele solcher Meldungen sind in Kap. 5 in Zusammenhang mit
dem jeweiligen Überwachungsproblem enthalten. Bei den untersuchten SPS werden die Meldungstexte im Programmspeicher der SPS hin-
ter dem eigentlichen Steuerprogramm abgelegt und bei Bedarf durch
eine zusätzliche bzw. eingebaute sogenannte Data-Handling-Einheit
(DH) abgerufen und mit einstellbarer Übertragungsgeschwindigkeit
zum Protokolldrucker übermittelt /63,64/. Jede Textzeile bildet
einen Meldungsteil. Dabei sind unterschiedliche Meldungen entweder
nur mit Text oder auch mit Ausdruck von Datenwortinhalten pro-
grammierbar /65/. Weiterhin besteht die Möglichkeit unterschiedliche Meldungsteile zu kombinieren und als Gesamtmeldung abzuru-
fen. Eine solche Meldung besteht aus der Aufzählung von Nummern
anderer Meldungsteile, die dann beim Aufruf nacheinander ausgedruckt werden. Die Kombination und Reihenfolge ist durch die Aufzählung festgelegt.

INHALT	MELDUNGSTEXT				
KOPF	IPA Stuttgart Maschine: FE-30				
ZEITINFORMATION DER MELDUNG	Datum: XX. XX. XX Uhrzeit: XX:XX:XX				
ZEITINFORMATION MASCHINENBEZOGEN	Zyklus Nr.: XXX				
ART DER MELDUNG	NOT-AUS	STÖRUNG	STILLSTAND	WARNUNG	BETRIEBSPROTOKOLL
FUNKTION	Steuerschritt: XXX	Gesamtzyklus Steuerschritt: XXX			- Lernbetrieb beendet - XXX Zyklen beendet - Manuelle Protokollanforderung
SYMPTOM	————	Schutzein-richtung: XXX Zeitüber-schreitung Zeitunter-schreitung	Wartezeit Zuführung: XX abgelaufen Wartezeit Abnahme: XX abgelaufen	Mittelwert zu hoch Positiver Trend Mittelwert zu niedrig Negativer Trend	————
ORT/URSACHE	————	Dauersignal von bEXV (bEXR) Kein Signal von bEXV (bEXR)	Kein Werkstück: bEXZ Keine Abnahme: bEXA	———— ————	————

MESSWERTE/ PARAMETER	Status der Eingänge
	 bE1V bE1R bE2V bE2R .....bENV bENR
	 Ein Aus Aus Aus .....Ein Ein
	 bE1Z ... bENZ bE1A ... bENA bE1N ... bENN
	 Ein ... Aus Aus ... Aus Ein ... Aus
	 Status der Ausgänge
	 Y1 Y2 Y3 Y4 Y5 YN
	 Ein Ein Aus Aus Ein ... Aus
		————	Zeit in Sec. / 10: XXX
			 Untere Grenze : XXX
			 1. Obere Grenze: XXX
			 2. Obere Grenze: XXX
				Zeit in Sec. / 10: XXX
				 Letzter
				 Wert: XXX
					Neue Grenzen für Zeitüberwachung in Sec. / 10:
					    ZYK Schritt: 001 002.......NNN
					 Untere Grenze : XXX XXX XXX......XXX
					 1. Obere Grenze: XXX XXX XXX......XXX
					 2. Obere Grenze: XXX XXX XXX......XXX
					 Stückzahl gesamt: 584
					 Stückzahl gut: 054
					
					            AUTO NOT STAU STOE MF PF UNBEK
					 Anzahl: 008 000 000 007 003 001 001
					 Zeit in Min. : 193
					 Zeit in Sec. X10: 000 000 000 000 040 037 028
					 Zeit in Sec. X2 : 000 000 000 153

Bild 38: Aufbau und Inhalt von Klartext-Meldungen

3.6 Zusammenfassung und Bewertung der Überwachung mit SPS

Ausgehend vom Fehlerverhalten SPS-gesteuerter Fertigungseinrichtungen werden Überwachungsprogramme entwickelt, die zusätzlich
zum Steuerprogramm im freien Teil des Programmspeichers programmiert werden können. Diese Überwachungsprogramme in Form von
universellen Programmbausteinen orientieren sich am Aufbau von
SPS-Maschinensteuerungen. Dementsprechend werden Programmbausteine zur Überwachung von Eingangssignalen, von Ausgangssignalen und als Kombination bei Arbeitseinheiten vorgestellt. Die
Grenzen der einzelnen Überwachungsverfahren werden am Beispiel
einer pneumatisch angetriebenen Vorschubeinheit aufgezeigt. Dabei zeigt sich, daß keines der einzelnen Verfahren geeignet ist,
alle möglichen Fehler zu erkennen. Davon ausgehend wird das
Verfahren der kontinuierlichen Überwachung entwickelt, bei dem
über den gesamten Maschinenzyklus die Sollzustände der Signalgeber vorgegeben und Signaländerungen nur in definierten Übergangsbereichen zulässig sind. Eine Fehlerbetrachtung zeigt,
daß dieses Verfahren alle Fehler erkennen kann. Darüber hinaus
werden Programme für weitergehende Überwachungen wie Zeitmessung, Trendermittlung, Mittelwertberechnung und Berechnung von
Häufigkeitsverteilungen einschließlich der Ausgabe und Aufbau von Klartextmeldungen vorgestellt. Der für die Überwachungs-
Software erforderliche Aufwand verringert sich wenn Steuer- und
Überwachungsprogramme gleichzeitig entwickelt werden. Die in
der Praxis wichtige Forderung nach kurzer Reaktionszeit einer
SPS in Zusammenhang mit der Länge der Steuer- und Überwachungsprogramme und verfügbarem Speicherplatz wird durch Möglichkeiten
zur Speicherplatzreduzierung einzelner Überwachungsprogramme
berücksichtigt.

4 Überwachungssysteme zur Zustandsüberwachung durch Zeitanalyse

4.1 Allgemeines zur Zustandsüberwachung

Für Aussagen über den allgemeinen Maschinenzustand sind definierte, gerätetechnisch erfassbare, maschinen- bzw. prozeßsignifikante Meßgrößen notwendig. Solche Größen allgemeiner Art können z.B. Temperaturen, Schall und Körperschall, mechanische und elektrische Spannungen, Ströme, Ausführungszeiten sein. Unterschieden werden müssen Größen, welche direkt meßtechnisch erfasst werden und Aufschluß über den Gesamtmaschinenzustand oder eine Teilfunktion geben ("in process") und indirekte Meßgrößen beispielsweise durch Rückschluß von fehlerhaften Produkten auf Maschinenprobleme ("post process").

4.2 Das Verfahren der Zeitanalyse

4.2.1 Grundlagen der Zeitanalyse

Bei prozeßabhängigen Verknüpfungs- und Ablaufsteuerungen stellt die Ausführungsdauer eines Schrittes oder einer Funktion eine direkt meßbare Prozeßzustandsgröße dar /12,67/. Die im Bild 2 gezeigten Einflußgrößen zeigen hierbei Einflüsse mit unterschiedlicher Größe und Richtung auf die Ausführungszeit. Kennzeichen eines jeden Vorganges ist eine, zwischen Verlassen eines definierten Prozeßzustands und Erreichen eines neuen definierten Zustands charakteristische Ausführungszeit, welche durch den momentanen Maschinen- bzw. Prozeßzustand bestimmt wird.
Die Zykluszeit einer Maschine, auch Taktzeit genannt, ergibt sich als die Summe der Ausführungszeit aller Einzelschritte. Dabei können während eines Ablaufschrittes eine Funktion oder mehrere Funktionen parallel ablaufen. Dies gilt sowohl für einkettige als auch für mehrkettige Steuerungsstrukturen. In der Praxis werden aufgrund ihrer Übersichtlichkeit einkettige Ablaufsteuerungen bevorzugt. Dies ist gerade im Störungsfall ein wesentlicher Vorteil für eine Fehlerdiagnose.

Durch Messung der Zykluszeit bzw. der Ausführungsdauer einzelner
Schritte oder Funktionen ist es möglich, sich ein Maß über den
der jeweiligen Messung zugrundeliegenden Maschinenzustand zu ver-
schaffen. Durch Absolutwertkontrolle der Zykluszeit erhält man
die bekannte "Zykluszeitüberwachung", dabei wird üblicherweise
aber nur festgestellt, daß ein eingestellter Wert überschritten
wurde. Ein besonderer Vorteil dieser Methode besteht darin, daß
durch Verwendung der ohnehin vorhandenen Signale (z.B. Grenztaster oder Taktkettensignale) keine zusätzlichen Meßwertgeber benötigt werden. Erweitert man dieses Verfahren dadurch, daß nicht
nur das Unterschreiten/Überschreiten eines Wertes detektiert wird,
sondern die Meßwerte über einen längeren Zeitraum erfaßt, gespeichert, ausgewertet und dargestellt werden, so erhält man in
der Zeitebene ein Abbild, das den der Messung zugrundeliegenden
Maschinenzustand charakterisiert. Dieser Maschinenzustand ist gekennzeichnet durch verschiedene und in ihrer Wirkung unterschiedliche Einflußgrößen. Bei einer großen Anzahl von Meßwerten kommt
dabei einer entsprechenden Auswertung bzw. Datenverdichtung und
insbesondere der Darstellung der Ergebnisse besondere Bedeutung
zu. Graphische Darstellung beispielsweise Koordinatendarstellung
und/oder zugehörige Häufigkeitsverteilung bieten wichtige Voraussetzungen. In der Praxis hat sich die gleichzeitige graphische Darstellung mehrerer Häufigkeitsverteilungen in Bezug auf Übersichtlichkeit und Aussagekraft besonders bewährt /70/. Das Prinzip dieser Darstellung zeigt Bild 39. Typische Darstellung für den Fall a
sind konstante Vorgänge beispielsweise die Verfahrzeit eines Pneu-
matikzylinders (konstante Last, äußere Einflüsse konstant, Kurz-
zeitbetrachtung) oder (über Zeitglieder) realisierte Wartefunk-
tionen. Nach dem Einlaufen des Zylinders sind geringe Streuungen
(Fall b), bei zusätzlicher Reibung zusätzliche Verschiebungen
(Fall c) zu größerer Ausführungsdauer hin typisch. In den Fällen
d und e sind Anzeichen von Unregelmäßigkeiten beispielsweise
durch Verschleiß, Energieschwankungen, Produkteinflüsse, Werkstückzuführung und -abnahme erkennbar.

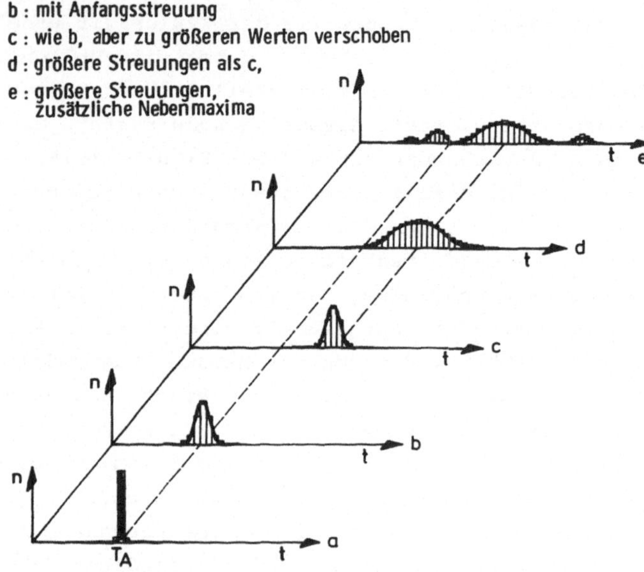

Bild 39: Häufigkeitsverteilung der Ausführungsdauer (Prinzipdarstellung)

4.2.2 Einfluß der Steuerungsstruktur

Die Maschinenzykluszeit ergibt sich bei linearem Programm-
ablauf als die Summe der Ausführungsdauer der einzelnen
Schritte. Nicht alle Steuerungsaufgaben sind jedoch als Li-
nearprogramm lösbar, deshalb werden komplexere Programmab-
läufe benötigt, welche sich aber aus linearen Programmen
aufbauen lassen. Diese Kenntnis der Steuerungsstruktur ist
gerade für die Zeitanalyse der Maschinenzykluszeit wesentlich, da u.U. Programmverzweigungen, -wiederholungen und die
dadurch bedingten unterschiedlichen Ausführungszeiten Unregelmäßigkeiten vortäuschen können. Eine sekundäre Bedeutung
kommt diesem Problem aber zu, sofern baugleiche Maschinen
untereinander oder die gleiche Maschine hinsichtlich ihres

Zeitverhaltens während der Benutzungszeit verglichen werden. Für
einige Programmablaufstrukturen werden die Ausführungszeiten sowie die Darstellung der Meßwerte in Koordinatendarstellung und
als Häufigkeitsverteilung in Bild 40 dargestellt.

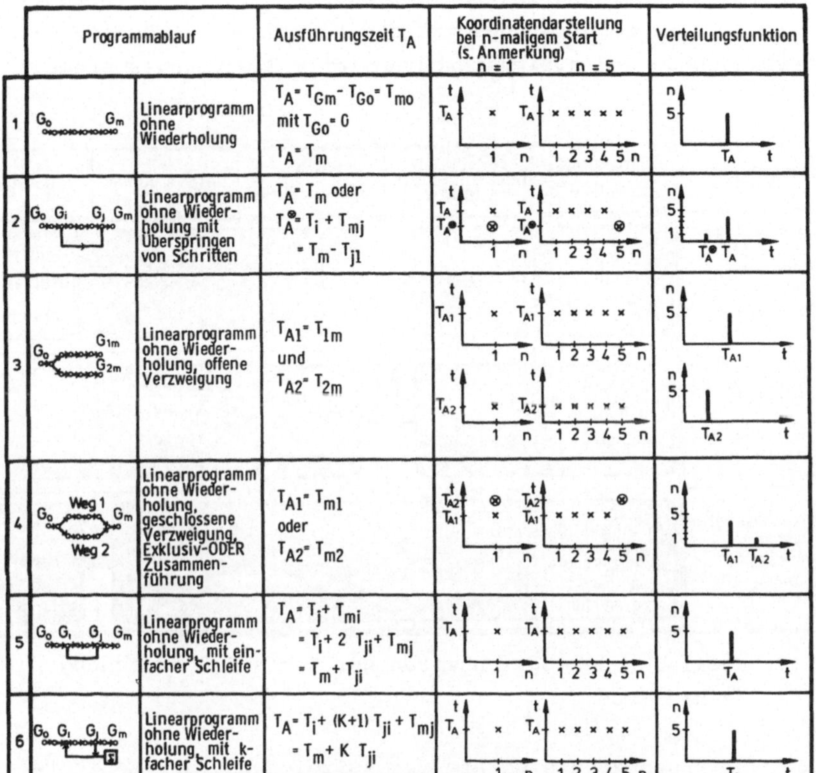

	Programmablauf		Ausführungszeit T_A	Koordinatendarstellung bei n-maligem Start (s. Anmerkung) $n=1$ $\quad$ $n=5$	Verteilungsfunktion
1	$G_0 \ldots G_m$	Linearprogramm ohne Wiederholung	$T_A = T_{Gm} - T_{Go} = T_{mo}$ mit $T_{Go} = 0$ $T_A = T_m$	(Koordinatendarstellung)	(Verteilungsfunktion)
2	$G_0\, G_i \ldots G_j\, G_m$	Linearprogramm ohne Wiederholung mit Überspringen von Schritten	$T_A = T_m$ oder $T_A^{\otimes} = T_i + T_{mj} = T_m - T_{jl}$	(Koordinatendarstellung)	(Verteilungsfunktion)
3	$G_0 \ldots G_{1m}/G_{2m}$	Linearprogramm ohne Wiederholung, offene Verzweigung	$T_{A1} = T_{1m}$ und $T_{A2} = T_{2m}$	(Koordinatendarstellung)	(Verteilungsfunktion)
4	G_0 Weg 1 / Weg 2 G_m	Linearprogramm ohne Wiederholung, geschlossene Verzweigung, Exklusiv-ODER Zusammenführung	$T_{A1} = T_{m1}$ oder $T_{A2} = T_{m2}$	(Koordinatendarstellung)	(Verteilungsfunktion)
5	$G_0\, G_i \ldots G_j\, G_m$	Linearprogramm ohne Wiederholung, mit einfacher Schleife	$T_A = T_j + T_{mi} = T_i + 2\,T_{ji} + T_{mj} = T_m + T_{ji}$	(Koordinatendarstellung)	(Verteilungsfunktion)
6	$G_0\, G_i \ldots G_j\, G_m$	Linearprogramm ohne Wiederholung, mit k-facher Schleife	$T_A = T_i + (K+1)\,T_{ji} + T_{mj} = T_m + K\,T_{ji}$	(Koordinatendarstellung)	(Verteilungsfunktion)

Anmerkungen: In den Fällen 2 und 4 können verschiedene Programmzweige durchlaufen werden. Hierbei wird angenommen, daß bei jedem 5. Durchlauf der Parallelpfad aktiviert wird

Bild 40: Ausführungszeit T_A bei verschiedenen Programmablaufstrukturen

4.2.3 Realisierungs- und Anwendungsmöglichkeiten

Ausgehend von der Technologie der bei Fertigungseinrichtungen
verwendeten Steuerungssysteme, sind steuerungsexterne und steue-
rungsinterne Verfahren zur Erfassung und Analyse der Taktzeit

bzw. der Ausführungsdauer von Schritten oder Funktionen realisierbar. Bei Prozeßrechnern, aber auch bei modernen speicherprogrammierbaren Steuerungen mit Arithmetikfunktionen und Klartextproto-
kollierung lassen sich Datenerfassungs-, Analyse- und Ausgabepro-
gramme steuerungsintern, d.h. durch zusätzliche Programmpakete im
nicht belegten Teil des Programmspeichers durchführen (vergl.
Kap. 3). Bild 41 zeigt grundsätzliche Realisierungsmöglichkeiten
für verbindungs- und speicherprogrammierte Steuerungssysteme.

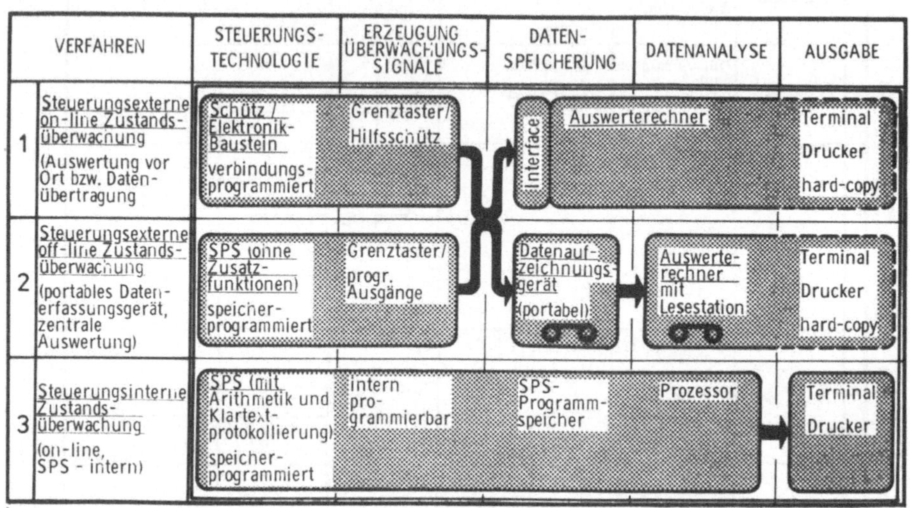

Bild 41: Realisierungsmöglichkeiten zur Zustandsüberwachung /
Zeitanalyse

Die Anforderungen an die Geräte zur Aufzeichnung der Meßwerte
werden durch die gewünschte Art der Informationsdarstellung bestimmt wie:

- Druckerprotokoll der gemessenen Werte (Zahlenkolonne),
- graphische Darstellung (2-Koordinatendarstellung),
- Ausdruck von Berechnungsergebnissen, z.B. Mittelwert, Varianz,
- Ausdruck von einfachen Histogrammen,
- graphische Darstellung von Histogrammen,
- graphische Darstellung mehrerer Histogramme (mehrdimensionale
  Darstellung) und

- gleichzeitige graphische Darstellung verschiedener Vorgänge
  (bei paralleler, mehrkanaliger Meßwerterfassung).

Weitere Bedingung dabei ist, ob die Auswertung vor Ort oder
zentral erfolgen soll. Die zentrale Auswertung bedingt dabei
Datenübertragungssysteme oder off-line Aufzeichnungs- und Wie-
dergabegeräte.

Als Anwendungsmöglichkeiten seien genannt:

- Vergleich gleichartiger Maschinen untereinander,
- Vergleich von Einzelmaschinen hinsichtlich der Zeit
  (Neuzustand, Zustand nach Überholung),
- Schwachstellenerkennung und Optimierung bei verketteten
  Maschinen und
- Schwachstellenerkennung und Optimierung von Teilfunktionen
  innerhalb eines Gesamtmaschinenzyklus.

Für einen wirtschaftlichen Einsatz sind mögliche Einsparungen
durch weniger Maschinenstillstände und Produktionsausfälle und/
oder geringere Wartungskosten bzw. erreichbare Produktivitäts-
erhöhung durch Schwachstellenerkennung und Optimierung ausschlag-
gebend. Dementsprechend können alle Maschinen oder Anlagen oder
nur Maschinen in Schlüsselpositionen oder einzelne kritische Maschinen oder auch nur einzelne kritische Baugruppen überwacht werden. Dies kann mit fest installierten oder je nach Bedarfsfall
transportablen Erfassungsgeräten, die gezielt eingesetzt werden,
geschehen. Dabei können durch sukzessive Anwendung dieser Verfahren bei makroskopischer zu mikroskopischer Untersuchungsweise
Unregelmäßigkeiten an komplexen Fertigungseinrichtungen über Einzelmaschinen bis zu einzelnen Baugruppen oder Bauelementen festgestellt werden. Eine mehrkanalige parallele Erfassung und Darstellung bietet dabei erhebliche Vorteile.

4.3   Beschreibung des realisierten Systems

Zur Erprobung und Bewertung der im vorigen Kapitel genannten Anwendungsmöglichkeiten wurde das universelle

    Automatische Taktzeit-Analyse-System (ATAS)

entwickelt. Es besteht aus gerätetechnischen und programmtechnischen Komponenten. Dieses System wird nachfolgend beschrieben.

4.3.1   Vorgehensweise bei der Entwicklung

Bei der Entwicklung des ATAS-Systems wurde in folgenden Stufen
vorgegangen:

1. Entwicklungsstufe: Grundlagenuntersuchungen. Hierbei wurden
Messungen der Ausführungszeit von verschiedenen Arbeitseinheiten (pneumatisch und elektrisch angetriebene Vorschubeinheiten)
sowie an einem einfachen Mehrzylinder-Maschinenmodell mittels
elektronischer Zeitmessung vorgenommen. Dabei ergab sich, daß
eine Auflösung der Zeitmessung von 10 ms im Meßbereich 9,99 s
bzw. von 100 ms im Meßbereich 99,9 s ausreichend ist. Weiterhin wurden die rechnerspezifischen Randbedingungen (Rechenzeit,
Speicherplatz, Graphikmöglichkeit) sowie die Anforderungen an
die Datenübertragung ermittelt.

2. Entwicklungsstufe: Ein SPS-gesteuertes Maschinenmodell sowie ein Handhabungssystem (HHS) diente, durch ein zusätzliches
Zeitmeß- und Ausgabeprogramm für einen Meßkanal ergänzt, als
Datenquelle für die Erprobung der on-line Datenübertragung und
der parallel dazu entwickelten Auswerte- und Darstellungsprogramme. Dabei zeigte sich, daß die graphische Darstellung des
Werteverlaufs, zugehörige Häufigkeitsverteilung und insbesondere die gleichzeitige Darstellung mehrerer Verteilungsfunktionen als 3-dimensionale Darstellung besonders aussagefähig
ist. Für die Dokumentation wurde ein Hard-Copy-Gerät verwendet.

3. Entwicklungsstufe: Basierend auf den Ergebnissen einer ein-
kanaligen on-line Datenerfassung/Auswertung wurden die gerätetechnischen Voraussetzungen zur Erfassung und Abspeicherung
von 10 Kanälen geschaffen. Dabei zeigte sich, daß bei den
vorhandenen Geräten wegen zu großer Rechenzeit und zu geringem
Speicherplatz das Prinzip der on-line Übertragung nicht mehr
möglich war. Deshalb wurde unter Verwendung eines Kassetten-
Registriergerätes ein portables Aufzeichnungsgerät mit den
Teilfunktionen Signalaufbereitung, Zeitmessung und Daten-
speicherung aufgebaut. Die unterschiedliche Datenorganisation
machte hierbei ein zusätzliches Adapterprogramm erforderlich,
damit werden die übertragenen Daten so geordnet, daß die in
Entwicklungsstufe 2 realisierten Auswerteprogramme kompatibel
sind.

4. <u>Entwicklungsstufe</u>: Das Gesamtsystem wurde im Labor an einem Maschinenmodell und im Versuchsfeld an einem Handhabungsgerät erprobt und die Ergebnisse der on-line und off-line Auswertung wurden verglichen. Zusätzlich wurde ein Programmbaustein zur Korrelationsbestimmung bei der Mehrkanal-Auswertung zur Bestimmung linearer Abhängigkeit zwischen zwei Signalen entwickelt. In einem Einsatz bei einem Industrieunternehmen wurde die Systemfunktionstüchtigkeit beim Einsatz vor Ort und die Aussagefähigkeit der Ergebnisse nachgewiesen.

4.3.2   Gesamtkonzept ATAS

Das Konzept der automatischen Taktzeit-Analyse basiert auf der ein- oder mehrkanaligen Zeitmessung und Auswertung der Maschinenzykluszeit bzw. von Teilfunktionen. Bei dem realisierten System mußten (gerätetechnisch bedingt) 1-kanalige Erfassung (on-line) und mehrkanalige Erfassung (off-line) getrennt werden. Die einkanalige Erfassung ist besonders einfach realisierbar wenn als Maschinensteuerung eine SPS mit Arithmetik und Klartextausgabe verwendet wird. Durch einfache Zusatzprogramme zum Steuerprogramm wird die Ausführungszeit der untersuchten Funktion SPS-intern bestimmt und über eine Standardschnittstelle (V 24) ausgegeben. In diesem Fall kann die Datenübertragung on-line über ein entsprechendes Rechnerinterface erfolgen. Für die mehrkanalige Datenerfassung mußte ein besonderes Gerät entwickelt werden, das als portable Einheit an die zu überwachende Maschine über störsichere und rückwirkungsfreie Eingänge angeschlossen wird. Für den praktischen Einsatz erwies sich die einkanalige on-line Auswertung als vorteilhaft zur Erzeugung einer schnellen Maschinenübersicht, hingegen ermöglich die mehrkanalige off-line Auswertung eine detailliertere Analyse (einschl. Abhängigkeiten zwischen Signalen). Bild 42 zeigt die gerätetechnische Grundkonfiguration.

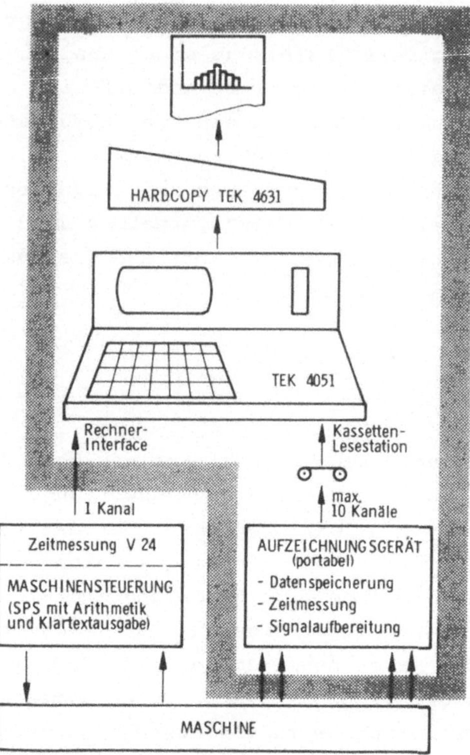

Bild 42: Gesamtkonfiguration ATAS

4.3.3 Beschreibung der Gerätetechnik

Für den praktischen Einsatz sind folgende Forderungen wesentlich:

- keine Rückwirkungen vom Überwachungsgerät zur überwachten Maschine,
- optische Anzeige der zur Überwachung verwendeten Signale,
- Verarbeitung von elektro-magnetisch gestörten Signalen und
- Wahl der Signalflanke für Start bzw. Stop der Zeitmessung.

Diese Forderungen wurden bei der Geräteentwicklung berücksichtigt /80/. Den Aufbau eines Meßkanals zeigt Bild 43 und den Gesamtaufbau Bild 44.

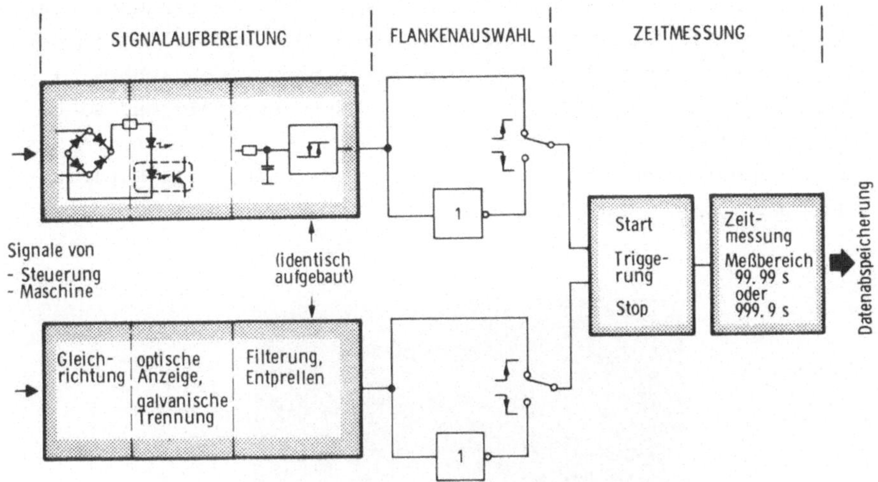

Bild 43: **Aufbau eines Meßkanals zum ATAS-Erfassungsgerät**

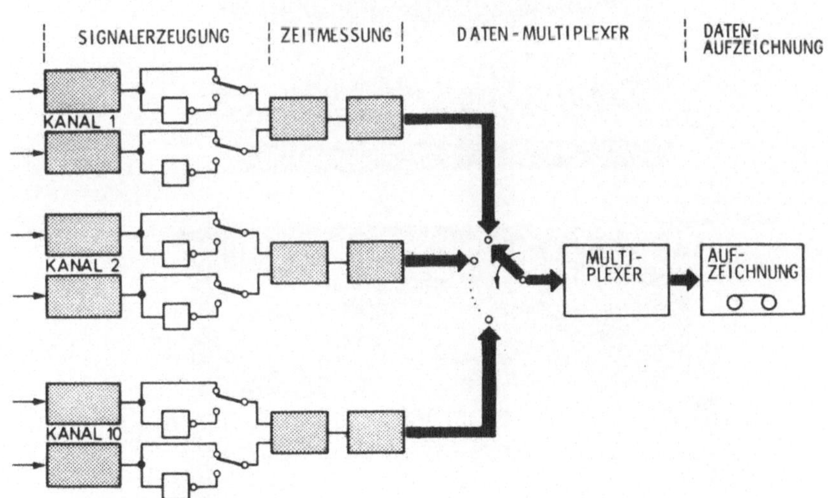

Bild 44: **Blockschaltbild des 10-Kanal-Zeiterfassungsgerätes**
(ATAS)

Das realisierte Gerätesystem bestehend aus Zeiterfassungsgerät und Auswerterechner zeigt Bild 45. Verwendet wurde ein, in der Programmiersprache BASIC zu programmierender Tischrechner mit Graphik-Bildschirm (TEK 4051) mit 32 kByte-Speicher und eingebauter Magnetband-Kassettenstation (300 kByte-Speicher).
Zur Dokumentation wird der Bildschirminhalt über ein Kopiergerät (Hard-Copy TEK 4631) ausgegeben.

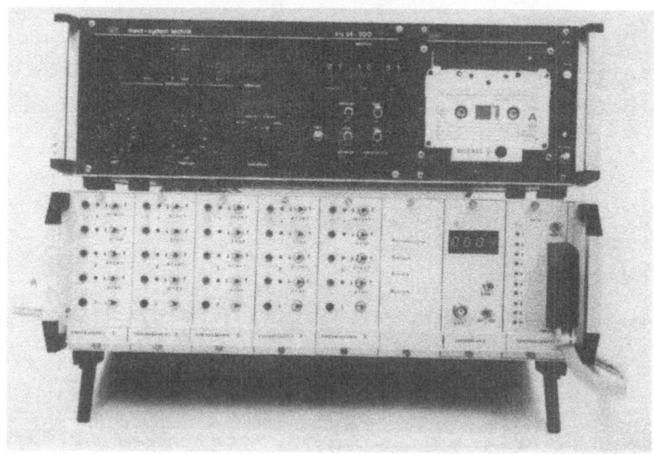

Bild 45: Gerätesystem zur Zeitanalyse, oben: Auswerterechner, unten: 10-Kanal Zeiterfassungsgerät

4.3.4 Auswerte- und Darstellungsprogramme

Die Auswerte- und Darstellungsprogramme sind in Modulen strukturiert. Zur Vereinfachung der Bedienung erfolgt der Aufruf einzelner Module im Dialogverkehr über 10 programmtechnisch zugeordnete Funktionstasten. Nachfolgend werden die wichtigsten
Programmodule beschrieben /68/.

4.3.4.1 Graphische Darstellung des Werteverlaufs

Für einen direkten Einblick in das zeitliche Verhalten der be-
obachteten Meßgrößen (Zykluszeit oder Ausführungszeit eines
Vorganges) ist eine graphische Darstellung vorteilhaft. Vor
der eigentlichen Darstellung ist die Prüfung der Meßwerte auf
Zulässigkeit erforderlich (s. Bild 46). Dabei werden Meßwerte
außerhalb der Grenzen AB bei der Darstellung ignoriert, die
Anzahl ignorierter Werte wird ausgegeben. Bei Berechnungen
werden Werte innerhalb AB berücksichtigt. Bei der grafischen
Darstellung werden Werte im Fensterbereich CD sichtbar.

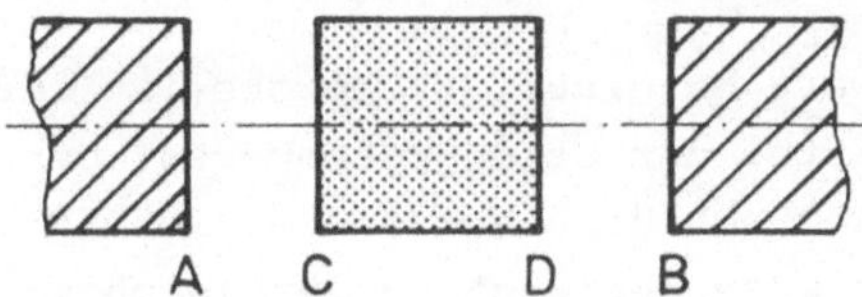

Bild 46: Wertebereich der graphischen Auswertung

Die Wahl der Grenzen für das betrachtete Intervall (Stauchung,
Streckung der Ordinate), des Stichprobenumfanges (Stauchung-
Streckung der Abszisse) und die Auflösung bei der Zeitmessung
sind entscheidend für den Kurvenverlauf. Bild 47 (oben) zeigt
ein Beispiel für die grafische Darstellung eines Werteverlaufs.

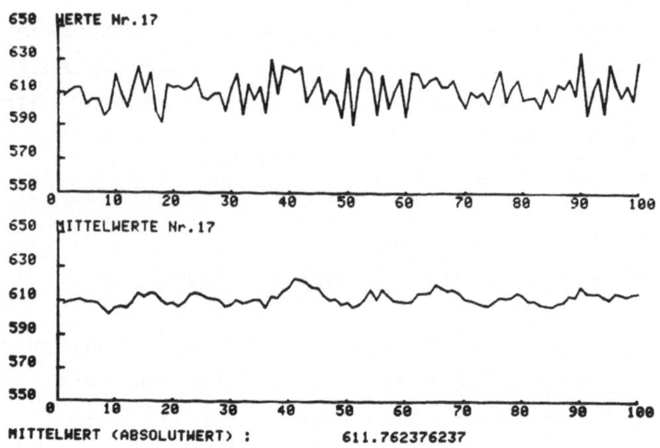

Bild 47: Graphische Darstellung von Werteverlauf (oben) und
gleitender Mittelwert (GMW)-Verlauf (unten),
(Ordinate: Zeit in s $\cdot$ 10^{-2}, Abszisse: Meßwertnummer)

4.3.4.2 Mittelwertberechnung

Der absolute Mittelwert MW einer Stichprobe ist definiert als
das arithmetische Mittel der Stichprobenwerte. Der MW als Zahlenwert läßt keine Rückschlüsse auf die Gleichmäßigkeit eines
Vorganges zu. Er ist aber geeignet in Vergleich zu vorangegangenen Messungen eine grobe Tendenz aufzuzeigen. Als Zahlenwert
erscheint der MW in der Darstellung des Werteverlaufs (s.
Bild 47). Der Trend ist definiert als Änderungsgeschwindigkeit
eines Werteverlaufs. Eine Quantifizierung des Trends ist möglich und für autonome, aktive Überwachungsanlagen (selbsttätiger Eingriff in den Vorgang bzw. Fehlerfrüherkennung /12/) erforderlich. Als übersichtliche Methode zur Erfassung von Trends
hat sich jedoch die visuelle Betrachtung der Werte gezeigt (s.
als Beispiel Bild 47).

4.3.4.3 Bildung des gleitenden Mittelwertes

Der gleitende Mittelwert (GMW) entspricht einer MW-Bildung über
eine festgelegte Anzahl von Werten (in diesem Fall 5 Werte,
vergl. /13/ und 3.5.5.2).

$$\overline{x}_{ig} = \frac{1}{5} \sum_{j=0}^{4} x_{i-j} \qquad (1)$$

x_i Stichprobenwerte

$\overline{x}_{ig}$ Gleitender MW

Er wird als Graphik mit Verbindungslinien zum vorherigen GMW
dargestellt. Der GMW übt einen beruhigenden Einfluß auf den
Werteverlauf aus und macht somit als Graphikdarstellung den gesamten Trend der Werteentwicklung deutlich. Er ersetzt die Wer-
tegraphik nicht, da extreme Werte stark gedämpft erscheinen.
Bild 47 (unten) zeigt an einem Beispiel die graphische Darstellung des GMW-Verlaufes.

4.3.4.4 Häufigkeitsverteilung (Histogramm)

Die Histogrammdarstellung gibt ein übersichtliches Bild über die
Häufigkeitsverteilung der Meßwerte /69/. Diese Form erlaubt eine
qualitative Aussage über die Güte eines Vorganges. Ein einziger
Balken mit der Höhe des Stichprobenumfanges stellt den idealen
Kurvenverlauf dar. Er entspricht näherungsweise konstanten oder
konstanten Meßwerten. Zu beachten ist, daß die Wahl der Werte-
bereichsgrenzen und Klassenzahl sowie die Auflösung der Zeitmessung einen entscheidenden Einfluß auf die Form des Histogramms haben. Bild 48 zeigt die Häufigkeitsverteilung zu Bild 47.

4.3.4.5 Bestimmung des Variationskoeffizienten

Der Variationskoeffizient (v) ist ein Maß für die Streuung der
Werte um den MW. Mit dieser normierten Standardabweichung hat
man die Möglichkeit verschiedene Verteilungsfunktionen in
Bezug auf ihre Güte quantitativ ohne Einfluß der Klassenzahl
und Bereichsgrenzen des Histogramms zu vergleichen. Als Zahlenwert erscheint v in der Darstellung der Häufigkeitsverteilung
(s. Bild 48).

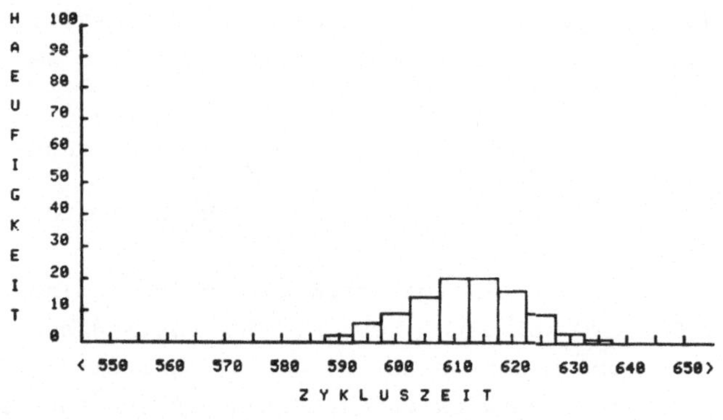

Bild 48:   Häufigkeitsverteilung der Meßwerte nach Bild 47

4.3.4.6 Darstellung mehrerer Verteilungsfunktionen

Um die Veränderung von Verteilungsfunktionen in Abhängigkeit
der Zeit darstellen zu können, wurde eine 3-dimensionale Darstellung eingeführt. Zur Erstellung einer solchen 3-dimensiona-
len Graphik benötigt man die Klassenhäufigkeit der Stichproben
(Histogramme) die auf Kassette abgespeichert werden. Durch die
Verbindung der Häufigkeitsamplituden der Klassenmitten untereinander entsteht ein Häufigkeitspolygon. Diese Polygone werden
nun mit Abstand zu einander hintereinander gezeichnet und die
Klassenmitten untereinander verbunden. Dadurch entsteht eine
Netzkonfiguration (Drahtkastengrafik), die aus beliebiger
Perspektive betrachtet werden kann (s. beispielsweise Bild 59).
Bei diesem Darstellungsprogramm sind keine Ausblendungen der
überdeckten Kanten (durch Hidden-Line-Algorithmus /70/) möglich. Deshalb ist es erforderlich, durch verschiedene Be-
trachtungspunkte die optimale, d.h. aussagekräftigste Perspektive zu finden.
Die Perspektive wird durch Angabe der 2 Raumpunkte Beobachtungspunkt und zu beobachtender Punkt festgelegt (s. Bild 49).
Der Betrachter schaut vom Beobachtungspunkt A auf den beobach-
teten Punkt B und sieht somit die Darstellung aus seiner Perspektive.

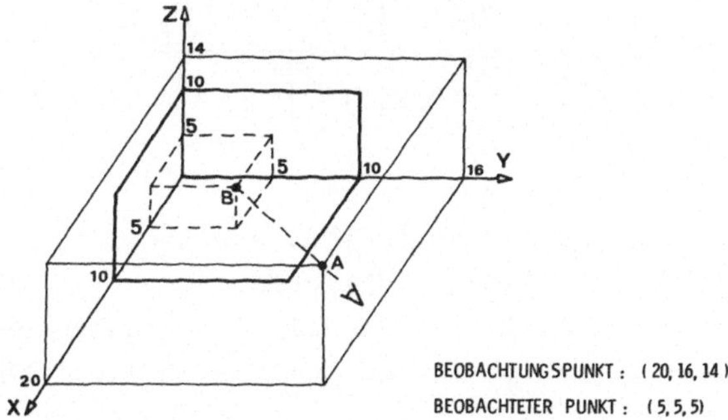

Bild 49: Wahl der Perspektive bei einer 3-dimensionalen Darstellung

4.3.4.7 Korrelationsbestimmung

Die Korrelation, ausgedrückt durch die Korrelationsfunktion,
stellt ein Maß für die statistische Abhängigkeit zweier Signale
dar (Kreuzkorrelation /71,72/). Mit Hilfe der Korrelationstheo-
rie ist es möglich, eine Aussage über die Ähnlichkeit des Ver-
laufs zweier Signale zu erhalten und somit Erkenntnisse über
die Auswirkung und den Einflußbereich von Fehlern bzw. Unregelmäßigkeiten von Vorgängen an Fertigungseinrichtungen zu erlan-
gen. Für eine qualitative Erfassung der Korrelation von zeit-
diskreten Prozeßverhaltenskurven wird der Korrelationskoeffizient verwendet. Er ist definiert /73,74/:

$$r = \frac{S_{xy}}{S_x \cdot S_y} \qquad (2)$$

r	Korrelationskoeffizient
S_x	Varianz der Stichprobe x (Signalwerte x)
S_y	Varianz der Stichprobe y (Signalwerte y)
S_{xy}	Kovarianz beider Signale
n	Stichprobenumfang

$$ r = \frac{\sum x_i\, y_i \;-\; 1/n \sum x_i \sum y_i}{\sqrt{\left[\sum x_i^2 \;-\; 1/n\left(\sum x_i\right)^2\right]\left[\sum y_i^2 \;-\; 1/n\left(\sum y_i\right)^2\right]}} \tag{3} $$

$$ -1 \leqq r \leqq +1 $$

$r = 0$:   unkorreliert (Signale lin. unabhängig)

$r = +1$:   korreliert (Signale gleichförmig - lin. abh.)

$r = -1$:   negativ korreliert (Signale gespiegelt zur Abszisse gleichförmig und somit auch lin. abh.).

Bei der Anwendung des Korrelationskoeffizienten sind gewisse
Einschränkungen zu machen:
- die zur Berechnung herangezogenen Werte liegen in einem
  endlichen Zeitintervall (deshalb nur Näherung) und
- durch die zeitliche Verschiebung der zu vergleichenden
  Signale (zeitlich parallele bzw. nacheinander ablaufende
  Vorgänge) ergeben sich Ungenauigkeiten.

4.4 Zusammenfassung und Bewertung

Bei Fertigungseinrichtungen, deren Steuerung die Struktur einer
prozeßabhängigen Verknüpfungs- oder Ablaufsteuerung zugrunde
liegt, sind die Ausführungsdauer einzelner Vorgänge, Schritte
und die durch Summation gewonnene Zykluszeit direkt meßbare
Maschinenzustandsgrößen. Werden Ausführungsdauer und die Zykluszeit der Maschine über einen längeren Zeitraum erfaßt, gespeichert und analysiert, so erhält man in der Zeitebene ein
Bild, das den der Messung zugrunde liegenden Maschinenzustand
charakterisiert.
Die Grundlagen einer solchen Zeitanalyse, der Einfluß der Steuerungsstruktur und Realisierungs- und Anwendungsmöglichkeiten einschließlich der Darstellung der Ergebnisse werden entwickelt. Auf
der Basis eines Auswerterechners mit Graphikbildschirm werden
Lösungsmöglichkeiten für einkanalige on-line und mehrkanalige
off-line Zeitanalyse-Systeme vorgestellt. Für den praktischen
Einsatz hat sich insbesondere die mehrkanalige Zeitanalyse zur
Ermittlung von Auswirkungen und des Einflußbereiches von Fehlern
bzw Unregelmäßigkeiten innerhalb von Fertigungseinrichtungen bewährt. Die Erprobung der entwickelten Geräte sowie der Auswer-
tungs- und Darstellungsprogramme an einem pneumatisch angetriebenen, elektrisch gesteuerten Handhabungsgerät und an einer Mon-
tage-Prüfmaschine bei einem Industrieeinsatz vor Ort zeigen, daß
dieses automatische Taktzeit-Analyse-System geeignet ist, den
Maschinenzustand zu überwachen und darüber hinaus ein hilfreiches
Instrument zur Schwachstellenerkennung und Optimierung sowie zur
Planung von komplexen Fertigungsanlagen darstellt.
Einschränkungen in bezug auf den praktischen Einsatz sind bei
dem verwendeten Auswerterechner rechenzeitbedingt (Rechenzeit
bei graphischer Darstellung ca. mehrere Minuten). Eine schnelle
Verarbeitung mehrerer Meßgrößen sowie die Verwendung eines Farb-
graphikbildschirmes könnten eine große Informationsmenge noch
übersichtlicher darstellen. Mit den heute verfügbaren preiswerten
Tischrechnersystemen sind die Voraussetzungen zur Entwicklung
von "Low-Cost-Geräten" gegeben.

5   Ergebnisse

5.1   Erprobung der SPS-Überwachungsprogramme an einem Maschinenmodell

Die Überprüfung der Fehlererkennung wurde an dem, in Bild 36
vorgestellten Maschinenmodell durchgeführt. An diesem Modell
wurden die Programmbausteine entwickelt und erprobt. Den zugehörigen Pneumatik-Schaltplan zeigt Bild 50. Dabei wurden be-
wußt unterschiedliche Bauformen von Pneumatikzylindern und von
Magnetventilen (mit und ohne Speicherverhalten) verwendet. Die
Endlagen jedes Zylinders werden mit je einem Grenztaster, die
zentrale Druckversorgung mittels eines einstellbaren Druck-
schalters erfaßt.

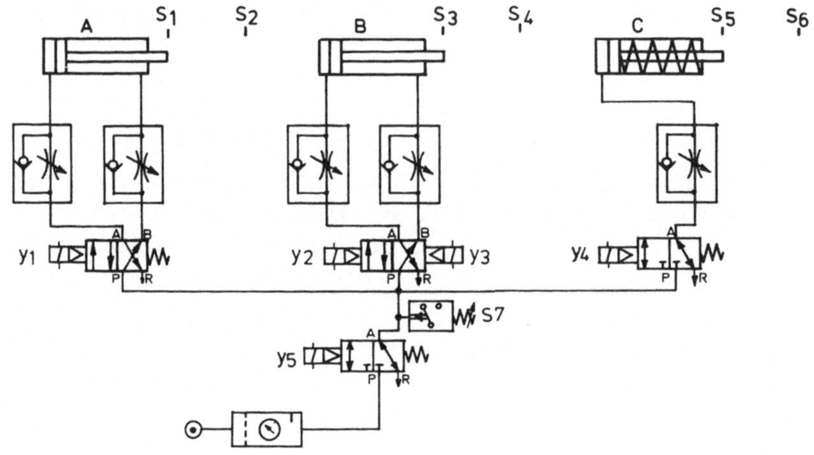

Bild 50: Pneumatikschaltplan des Maschinenmodells nach Bild 36

Das Steuerprogramm mit der Struktur einer prozeßabhängigen Ablaufsteuerung zur Ausführung des in Bild 36 dargestellten Maschinenzyklus gliedert sich in :
- übergeordnetes Steuerprogramm zum Ein- und Ausschalten der
  Maschine, der Druckversorgung, zum Anfahren der Grundstellung
  beim Einschalten und die Betriebsartenwahl und
- Ablaufschrittprogramm für den Automatikbetrieb.

Zur Demonstration und zum Vergleich wurde das Überwachungspro-
gramm in 5 Ausbaustufen, die wahlweise aktivierbar sind, aufgebaut:

Stufe 1:   Durchführung des Modellzyklus ohne Überwachung,

Stufe 2:   Zusätzliche Überwachung der Maschinenzykluszeit mit
           einem unteren und zwei oberen Grenzwerten, Erzeugung
           des Signals "Störung" (Meldeleuchte), kein Ausdruck,

Stufe 3:   Zusätzliche Zeitüberwachung (eine Schwelle) der ein-
           zelnen Steuerschritte, kein Ausdruck,

Stufe 4:   Zuschalten des Ausdruckbausteines zur Erzeugung der
           Klartext-Fehlermeldungen und

Stufe 5:   Zusätzliche Messung der Zykluszeit und Ermittlung
           der Anzahl und Dauer von "AUTOMATIK", ungestörter
           Zyklen, "STÖRUNG" und "NOT-AUS", Trendüberwachung,
           Protokoll nach je 100 Zyklen.

Für Zylinder A wurde eine kontinuierliche Überwachung programmiert. Damit ist durch Fehlersimulation am Zylinder A bzw. an
den Zylindern B und C ein direkter Vergleich zwischen der
reinen Zeitüberwachung und der kontinuierlichen Überwachung
möglich. In Ausbaustufe 4 und 5 werden beim Auftreten von Fehlern Klartext-Protokollausdrucke erzeugt. Aufbau und Ausgabe
dieser Klartext-Meldungen erfolgen wie in Abschnitt 3.5.7 vor-
geschlagen. Bild 51 zeigt typische Meldungen. Den Versuchsstand
bestehend aus Maschinenmodell, Steuerschrank mit SPS und Zusatzbaugruppen, Bildschirmprogrammiergerät sowie Drucker bzw. Da-
tensichtgerät zur Protokollausgabe zeigt Bild 52.

<table>
<tr><td>

```
I P A  STUTTGART    MASCHINE: UE1

DATE   21/05/80
TIME   07:57:37


S T O E R U N G !


ZYKLUS NR.:        036
STEUERSCHRITT:     001

FEHLERHAFTES SIGNAL VON S1



                        MIN   SEC
DAUER DER STOERUNG:     000   015
```

</td><td>

```
I P A  STUTTGART    MASCHINE: UE1

DATE   21/05/80
TIME   07:56:51


S T O E R U N G !


ZYKLUS NR.:        032
STEUERSCHRITT:     002
ZEITUEBERSCHREITUNG



                        MIN   SEC
DAUER DER STOERUNG:     000   020
```

</td></tr>
<tr><td>

```
I P A  STUTTGART    MASCHINE: UE1

DATE   21/05/80
TIME   08:12:55


W A R N U N G !


ZYKLUS NR.:        087


NEGATIVER TREND DER ZYKLUSZEIT
LETZTER MESSWERT IN SEC/10: 065
```

</td><td>

```
I P A  STUTTGART    MASCHINE: UE1

DATE   21/05/80
TIME   08:15:14


P R O T O K O L L !

                ZYK  GUT  NOT  STOE
ANZAHL:         100  082  001  028
ZEIT IN MIN:    022  009  000  011
ZEIT IN SEC:    033  031  004  017
```

</td></tr>
</table>

Bild 51: Klartext-Protokolle der Modell-Maschinenüberwachung

Bild 52: Versuchsstand zur Erprobung der Überwachungsprogramme

5.2   Überwachung einer Fertigungslinie durch SPS /75,76/

Die Leistungsfähigkeit von Überwachungsgeräten auf SPS-Basis
soll anhand der nachstehend beschriebenen Überwachungsaufgabe
dargestellt werden. Für eine am IPA erstellte automatische Fertigungslinie stellte sich während der Inbetriebnahmephase beim
Kunden die Frage nach einer automatischen Dokumentation von
Stillständen bzw. Störungen der Einzelmaschinen. Für diese Aufgabe bot sich die Verwendung einer vorhandenen SPS an.

5.2.1   Beschreibung der automatischen Fertigungslinie

Ausgehend von den Eigenschaften des zu fertigenden Produktes
(Sicherheitsteil für die KFZ-Serienfertigung, s. Bild 66) wurde
eine automatische Fertigungslinie bestehend aus insgesamt 19
Montage- und Prüfmaschinen sowie Puffern realisiert (s. Bild 53)
/77/. Kennzeichnend für diese Linie ist der Einsatz eines Dop-
pelgurt-Montagebandes mit Werkstückträgern als das die Einzelmaschinen verkettende Transportsystem.

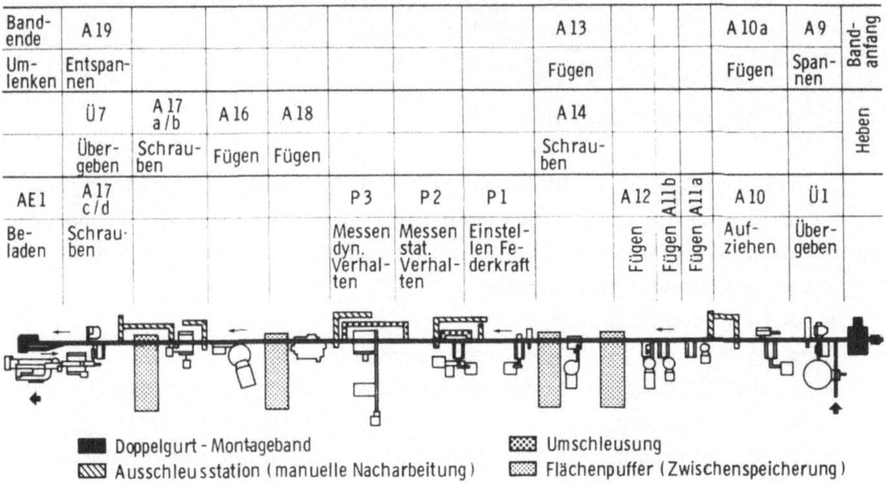

Band-ende	A 19							A 13					A 10a	A 9	Band-anfang
Um-lenken	Entspannen							Fügen					Fügen	Spannen	
	Ü 7	A 17 a/b	A 16	A 18				A 14							Heben
	Übergeben	Schrauben	Fügen	Fügen				Schrauben							
AE 1	A 17 c/d				P 3	P 2	P 1			A 12	A 11b	A 11a	A 10	Ü 1	
Beladen	Schrauben				Messen dyn. Verhalten	Messen stat. Verhalten	Einstellen Federkraft			Fügen	Fügen	Fügen	Aufziehen	Übergeben	

Doppelgurt-Montageband

Ausschleusstation (manuelle Nacharbeitung)

Umschleusung

Flächenpuffer (Zwischenspeicherung)

Bild 53: Prinzipdarstellung der automatischen Montagelinie

5.2.2 Beschreibung der Maschinensteuerungen und Auswahl der Überwachungssignale

Entsprechend dem mechanischen Lösungskonzept ist jede einzelne Maschinensteuerung als in sich geschlossene Einheit und als prozeßabhängige Ablaufsteuerung strukturiert. Die weniger komplexen Steuerungsabläufe der Bearbeitungs- und Montagemaschinen sind konventionell unter Verwendung von Relaissteckkarten, die komplexen und zeitkritischeren Prüfstationen dagegen unter Verwendung von Elementen eines elektronischen Bausteinsystems aufgebaut (s. Bild 54).

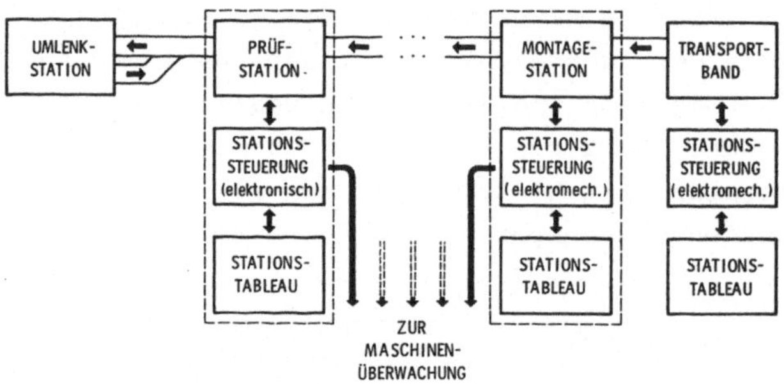

Bild 54: Steuerungsstruktur der Einzelmaschinen

Der Bearbeitungs- bzw. Prüfzyklus wird in jeder Maschine durch eine, in die Steuerung integrierte Zyklus-Zeitüberwachung überwacht. Die Auswahl der Signale zur Maschinenüberwachung erfolgte unter den Gesichtspunkten:
- Bedeutung des Signals,
- Eignung als prozeßrelevanter Überwachungspunkt,
- einfache Erzeugung (vorhandener oder zusätzlicher Schaltungsaufwand) und
- vorhandene Anzahl von, zu Überwachungszwecken verwendbaren Eingängen der SPS.

Unter Beachtung dieser Punkte wurden die folgenden Signale
ausgewählt:

- STEUERUNG EIN,
- Betriebsart AUTOMATIK EIN,
- NOT-AUS,
- STÖRUNG (Zyklus-Zeitüberwachung),
- MF = Maschinenfehler,   ) manuelle Eingabe
- PF = Produktfehler   ) über Tastatur
- UNBEK = unbekannter Fehler,   )
- STÜCKZAHL GESAMT,
- STÜCKZAHL GUT und
- STAU (von entsprechendem Stausensor).

5.2.3 Beschreibung der speicherprogrammierbaren Steuerung und der Baugruppen zur Maschinenüberwachung

Bei der vorhandenen SPS (PLC 1774, Allen - Bradley) waren 112
Eingänge sowie max. 4 k-Speicherworte zu Überwachungszwecken
verfügbar. Die Programmierung des Maschinensteuerprogramms erfolgt über ein Bildschirmprogrammiergerät in Stromlaufplandar-
stellung. Zähler und Zeitglieder sind intern (programmtechnisch)
standardmäßig vorhanden. Teilaufgaben der Maschinenüberwachung
werden durch die Zusatzbaugruppe Data-Handling in Verbindung
mit einem Drucker und der Programmierung entsprechender Über-
wachungsfunktionen und Ausdruckmeldungen möglich. Damit sind
formatierte Klartextausdrucke einschließlich Datum und Uhrzeit
möglich. Bild 55 zeigt die Anordnung des realisierten Systems.
Die Übertragung der Überwachungssignale von den einheitlichen
Schnittstellen der Stationssteuerungen erfolgt über unabge-
schirmte Kabel im 24 V Gleichspannungspegel auf die Eingänge
der programmierbaren Steuerung. Die gewünschte Ausdruckmeldung
und das gemeinsame Rücksetzen aller aufgenommenen Daten wird
mit Vorwahlschaltern oder Schlüsseltastern ausgelöst.

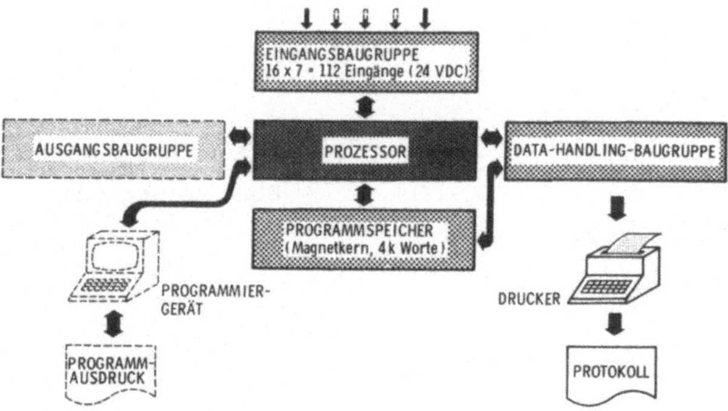

Bild 55: SPS-Überwachungssystem

5.2.4 Programmbeschreibung und Ausdruckmeldungen

Die Programmierung der SPS erfolgt getrennt nach Steuerprogramm
(Stromlaufplan) und nach Ausdruckmeldung durch Adressierung und
Eingabe der entsprechenden Klartextzeilen über ein Datensicht-
gerät. Allen Meldungen ist die Einblendungen von Datum und Uhrzeit gemeinsam. Unter Verwendung von SPS-internen Taktgebern
und Vorwahlzählern wurde ein Uhrzeitgeber sowie ein Datumgeber
programmiert. Dieser, vom internen Taktgenerator abgeleitete Uhrzeitgeber erwies sich für diese Anwendungen als ausreichend genau.
Alle Programme sind modular und nach Einzelmaschinen getrennt
aufgebaut. Zur Ereigniszählung werden pro Einzelmaschine 9 Zähler
benötigt (2 mal STÜCKZAHL, je 1 mal AUTOMATIK EIN, STÖRUNG, STAU,
NOT-AUS, MF, PF, UNBEK). Zentrale Taktgeber in 10-Sekunden- oder
2-Sekunden-Taktschritten dienen als Grundlage der Zeitdauerbe-
stimmung von verschiedenen Betriebszuständen. Die Registrierung
der Signaldauer von NOT-AUS, MF, PF und UNBEK erfolgt in Takt-
schritten von 10 Sekunden, die der Signale STÖRUNG und STAU in
2 Sekundenschritten. Dazu sind pro Maschine weitere 7 Zähler mit
Ansteuerung zu programmieren. Einen Sonderfall stellt die Erfassung der Stördauer und ihre Zuordnung zu den Fehlerursachen
MF, PF und UNBEK dar (s. Bild 56). Hierbei wird pro Maschine bei

jedem neuen Signal STÖRUNG eine Stoppuhr gestartet und bei
Wiedereintreten des Automatikbetriebes wieder gestoppt. Dieser
Wert entspricht der, vom Wartungspersonal zur Behebung dieser
speziellen Störung erforderlichen Zeit. Je nach festgestellter
Fehlerursache erfolgt dann bei Wiederanlauf der Einzelmaschine
die manuelle Zuordnung der Fehlerursachen über eine Tastatur.
Programmtechnisch geschieht dies durch Addition des Stoppuhren-
wertes zu dem jeweiligen, der Fehlerursache entsprechenden Datenwort und anschließendem Rücksetzen der Stoppuhr. Falsche
Werte durch unbeabsichtigtes oder mutwilliges Betätigen der
Tastatur werden durch Verriegelungen verhindert. Die unterschiedlichen Taktschritte der verschiedenen Betriebszustände
ergeben sich aus:
- geforderter Genauigkeit,
- einfacher Programmierung (Kaskadierung von Zählern wird
  vermieden) und
- Gesamtzahl der verfügbaren Zähler.

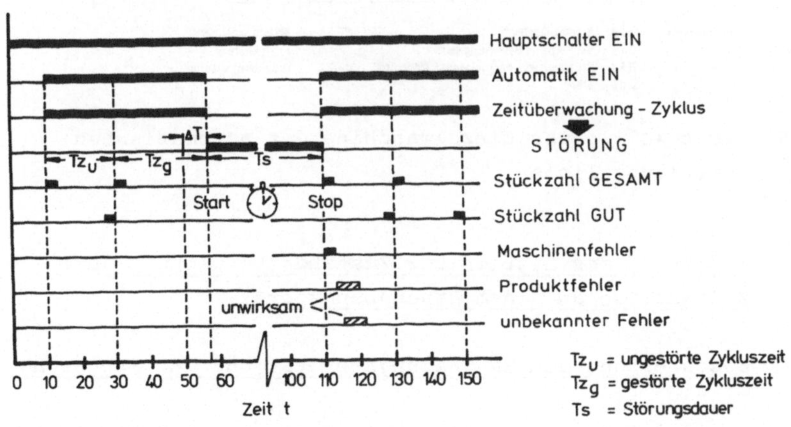

Bild 56: Stördauer-Erfassung und Zuordnung zu den Fehlerursachen

Die Dokumentation der Meldungen erfolgt über einen Drucker in
den Betriebsarten:

- einmaliger Sammelausdruck (alle Maschinen entsprechend
  ihrer laufenden Numerierung),
- einmaliger Sammelausdruck einer gewünschten Maschine und
- periodischer (z.B. stündlicher) Einzel- oder Sammelausdruck.

Die Eingabe der Betriebsart und der gewünschten Maschinennummer
geschieht über einen zweistelligen Codierschalter. Alle Ereig-
nis- und Zeitzähler können über einen Schlüsselschalter gelöscht
werden (beispielsweise am Schichtende). Bild 57 zeigt das Protokoll einer Einzelmaschine. Zusätzlich wird in der ersten Zeile
die Firma und die Maschinenbezeichnung angegeben.

```
A  F  G - HAMBURG        MASCHINE :  A  17  C / D

DATE    12 / 09 / 78
TIME    10 : 06 : 33

STUECKZAHL GESAMT  :  584
STUECKZAHL GUT     :  554

                      AUTO   NOT    STAU   STOE   MF    PF     UNBEK.
ANZAHL :              008    000    000    007    003   001    001
ZEIT IN MIN      :    193
ZEIT IN SEC X 10 :           000                  040   037    028
ZEIT IN SEC X 2  :                  000    153
```

Abkürzungen :   AUTO : Automatikbetrieb   MF   : Maschinenfehler
                NOT : Not - Aus (Bedienungspersonal)   PF   : Produktfehler
                STAU : Rückstau von nachfolgender Maschine UNBEK. : unbekannter Fehler
                STOE : Störung

Bild 57: Protokoll einer Einzelmaschine der automatischen
         Fertigungslinie

5.3 Erprobung des Systems zur Zustandsüberwachung durch Zeitanalyse an einem Handhabungsgerät

5.3.1 Beschreibung des Handhabungsgerätes und der Steuerung

Die Erprobung des Geräte- und Programmsystems zur Zustandsüberwachung durch Analyse der Ausführungszeit erfolgte an einem
pneumatisch angetriebenen, 3-achsigen Handhabungssystem (HHS)
Typ Felss FE-30 mit pneumatisch betätigtem Greifer und einem
einfachen Werkstückumlauf (s. Bild 58). Die Rückmeldung der
Stellung von Antriebselementen bzw. Arbeitseinheiten geschieht
durch berührungslose induktive Sensoren bzw. magnetisch betätig-
te Zylinder-Endschalter.

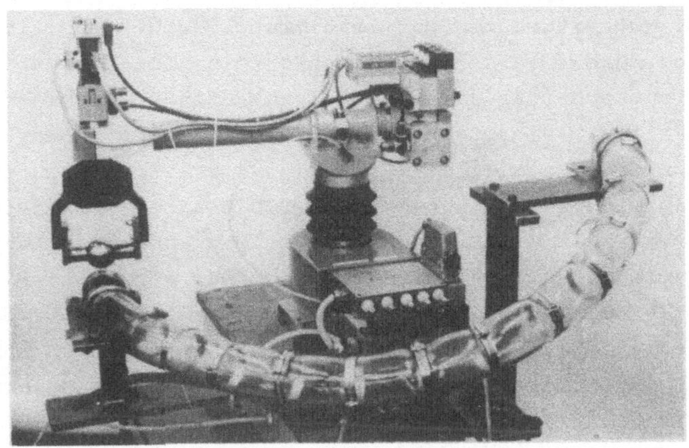

Bild 58: Handhabungsgerät mit Werkstückumlauf

Zur Steuerung wurde eine SPS (Mini-PLC 1772, Allen - Bradley)
mit 32 Ein- und 32 Ausgängen verwendet. Damit konnten unterschiedliche Steuerungsabläufe auf einfache Art programmiert
werden. Allen Versuchen lag die Steuerungsstruktur einer prozeßabhängigen Ablaufsteuerung zugrunde. Bei diesen Versuchen
wurde die Anzahl der Programmschritte sowie der parallel ablau-
fenden Funktionen variiert. Zur Bestimmung des Werkstückeinflus-
ses und der Zuführung wurde ein zusätzlicher Signalgeber "Werkstück vorhanden" eingebaut.
Diese Versuchseinrichtung diente insbesondere der Erprobung der
Auswerte- und Darstellungsprogramme und der Datenübertragung.
Mittels eines zusätzlichen Zeitmeßprogrammes in der SPS wurde
die Ausführungsdauer eines Maschinenzyklus gemessen. Diese
Meßwerte werden über eine programmierte Klartextausgabe (V 24 -
Schnittstelle) einschließlich einem zur Datensynchronisation erforderlichen Trennungszeichen on-line in den Auswerterechner
(über Interface) übertragen und abgespeichert (vergl. Bild 42).
Nach Vorliegen einer vorgegebenen Kennzahl von Stichprobenmeß-
werten werden die Auswerte- und Darstellungsprogramme automatisch aktiviert. Die Auswertung endet mit der Dokumentation über
die Kopiereinheit. Damit war es möglich, Dauerversuche über einen
längeren Zeitraum automatisch ablaufen zu lassen.

5.3.2   Versuchsergebnisse /78/

Erste Messungen der Zykluszeit dienten der Orientierung und Ab-
schätzung der Meßwertgrenzen zur Bestimmung des Wertebereiches
der Auswertung. Dabei wurden bei den nachfolgenden Versuchen
Anzahl der Steuerschritte und parallel ablaufende Maschinen-
funktionen variiert. Die graphische Darstellung der Meßwerte
in Koordinatenform zeigt Bild 47 (s. Kap. 4.3.4.1) mit zuge-
höriger Häufigkeitsverteilung (Bild 48). Die dabei ermittelte
Streuung der Taktzeit war z.T. auf die schwankende Druckluft-
versorgung zurückzuführen. Ursache hierbei war ein, an der
gleichen Druckluftzuleitung angeschlossener Prüfstand mit periodisch schwankendem Luftverbrauch. Zur Elimination dieser Einfluß-
größe wurde bei den folgenden Messungen deshalb ein anderer Ver-
sorgungsanschluß mit annähernd konstantem Versorgungsdruck verwendet.

Besondere Aussagekraft erhalten die Histogrammdarstellungen,
wenn verschiedene Einzelhistogramme, die zu unterschiedlichen
Zeiten von der betreffenden Maschine aufgezeichnet wurden, mit
gleichen Parametern gleichzeitig dargestellt werden. Hierbei
können einzelne Zustände gut verglichen und Abweichungen erkannt werden. Bild 59 zeigt die 3-dimensionale Histogrammdarstellung für das Handhabungsgerät nach der Inbetriebnahme.

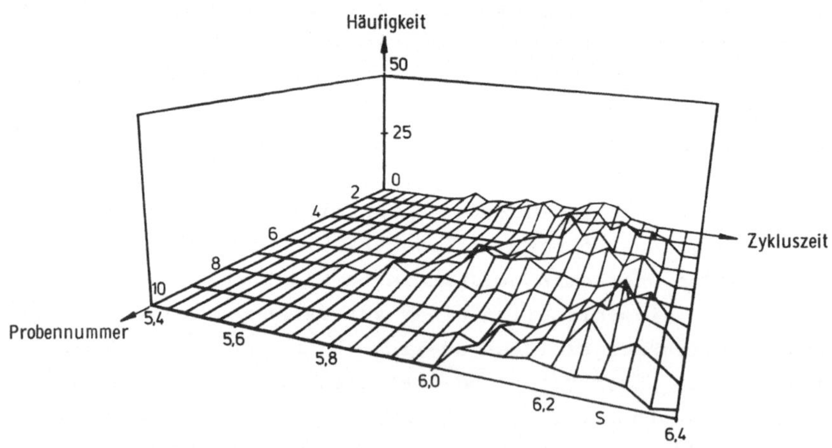

beobachteter Punkt 5,5,5   Beobachtungspunkt 20,10,8

Bild 59: Taktzeitverteilung HHS nach Bild 57

Der prozeßabhängigen Ablaufsteuerung lag für einen Maschinenzyklus dabei ein lineares Steuerschrittprogramm mit 12 Ein-
zelschritten zugrunde. Jedem Steuerschritt war hierbei eine
Funktion der Arbeitseinheiten zugeordnet.

Bei auf 7 Ablaufschritte und paralleler Ansteuerung verschiedener Funktionen geänderter Steuerungsstruktur zur Verkürzung
der Zykluszeit, ergaben weitere Messungen eine Darstellung nach
Bild 60 (Probennummer 0 - 7). Ab Probennummer 8 wurde eine mechanisch geänderte Werkstückzuführung (bessere Positionierung)
verwendet. Ergebnis war neben einer kürzeren Zykluszeit eine
gleichzeitig verringerte Streuung.

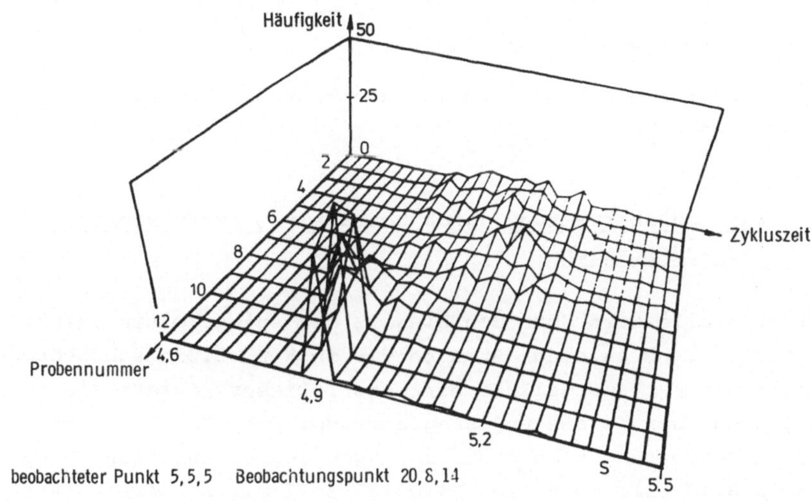

Bild 60: Taktzeitverteilung HHS nach Bild 58, Einfluß einer
geänderten Werkstückzuführung

Den Einfluß eines Lecks, verursacht durch einen defekten Pneu-
matikschlauch zeigt Bild 61. In diesem Fall führte das im Laufe
der Zeit größer werdende Leck zu einem Ansteigen der Taktzeit
und schließlich zum Ausfall des Handhabungsgerätes. Dieses Beispiel zeigt, daß Frühwarnungen über einen bevorstehenden Ma-
schinenausfall durch Analyse der Taktzeit möglich sind.

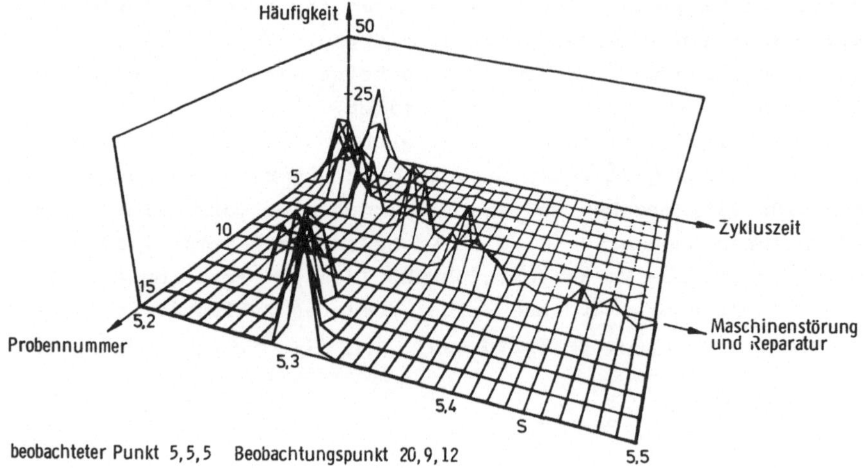

beobachteter Punkt 5,5,5   Beobachtungspunkt 20,9,12

Bild 61: Einfluß durch Leckage auf die Taktzeitverteilung eines HHS

5.4 Zustandsüberwachung durch Zeitanalyse einer Montage- und Prüfstation

An dieser Stelle wird über den Einsatz des entwickelten Taktzeit-
analyseverfahrens an einer Station der in Kap. 5.2 beschriebenen
automatischen Fertigungslinie berichtet. Dieser Einsatz diente
zur Erprobung der Geräte und Programme vor Ort. Durchgeführt
wurden diese Messungen an einer Montage- und Prüfstation (A 10/
A 10 a in Bild 53). An diesem Beispiel soll die sukzessive Anwendung der Taktzeitanalyse zur Lokalisierung des defekten bzw.
verursachenden Bauteils aufgezeigt werden.

5.4.1 Beschreibung der Maschine

In dieser Montage- und Prüfstation werden die auf einem Werkstückträger aufgespannten und vormontierten Werkstücke weitermontiert
und geprüft. Dabei wird die eingebaute Rückholfeder bis zum Blok-
kieren aufgezogen (Rückmeldung der Blockierung über Drehmoment-
messung) und durch definiertes Abwickeln von 4 Umdrehungen auf
die Arbeitslage eingestellt. In dieser Arbeitslage wird das Rück-

drehmoment der Feder gemessen und mit voreingestellten Werten verglichen. Bei negativem Ergebnis des Vergleichs wird das Werkstück durch Setzen eines Codiernocken am Werkstückträger als "schlecht" gekennzeichnet und an der nächsten Ausschleusstation zur Nacharbeit ausgeschleust. Parallel zur Federeinstellung und -prüfung wird eine am Werkstückträger mitgeführte Verriegelungslasche mit dem Greifer eines zweiachsigen Handhabungsgerätes entnommen und nach Beendigung der Federeinstellung zur Arretierung der Welle eingefügt.

Einzelfunktion dieser Station sind:

- Werkstückvereinzelung, -einlauf und Positionierung,
- Ausheben in Bearbeitungsposition,
- Beginn der Federbearbeitung durch langsamen Suchvorgang des Abgleichwerkzeugs bis zum Einrasten und Drehung in die O-Grad-Position, gleichzeitige Entnahme der Verriegelungslasche,
- Aufziehen der Feder bis zum Blockieren (Blockmoment erreicht, ca. 35 Umdrehungen),
- definiertes Abwickeln um 4 Umdrehungen, Messung des Federmomentes und Vergleich mit Grenzwerten (eventuell Codierung "schlecht" setzen),
- Einschieben der Lasche und Verriegelung und
- Absenken von Werkstück/Werkstückträger und Auslauf sowie Rückfahren des Handhabungsgerätes in Grundposition.

Ein vereinfachtes Funktionsdiagramm zeigt Bild 62.

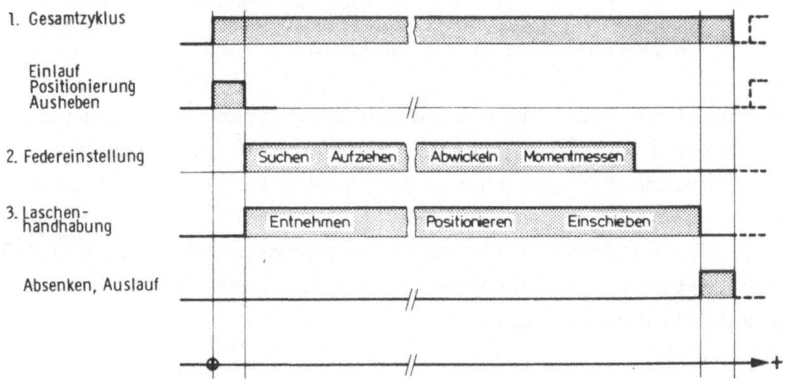

Bild 62: Vereinfachtes Funktionsdiagramm der Montage- und Prüfstation

5.4.2   Anwendung der Taktzeitanalyse

In einem ersten Schritt wurde vor Ort eine Taktzeitanalyse zur
Übersichtsgewinnung durchgeführt. Gemessen wurde die Maschinenzykluszeit (Signal 1 in Bild 62). Bild 63 zeigt einen Ausschnitt
in Koordinatendarstellung über n = 50 Meßwerte. Die Auswertung
in Verbindung mit manueller Beobachtung ergab, daß die Zykluszeit zwischen 7,5 Sekunden und 8 Sekunden schwankt bei einer
deutlichen Häufung bei ca. 7,7 s. Hierbei waren alle Werkstücke
ordnungsgemäß montiert und geprüft. Ergänzend wurde parallel
zur Taktzeitmessung und -analyse die Gesamtmeßdauer bestimmt
und als prozentuale Arbeitszeit ausgedruckt.

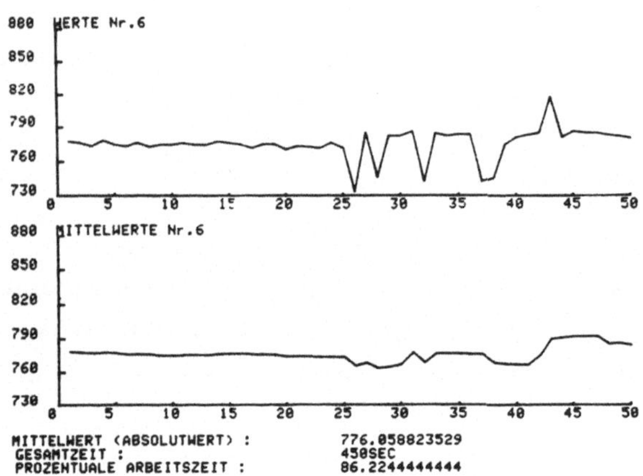

Bild 63: Werteverlauf und gleitender Mittelwert der Zykluszeit
         (Montage- und Prüfstation A 10/ A 10 a, Ausschnitt)
         (Ordinate: Zeit in s $\cdot$ 10^{-2}, Abszisse: Meßwertnummer)

Eine über einen längeren Zeitraum vorgenommene Messung und Analyse der Taktzeit mit verschiedenen Stichproben ergab eine typische Verteilung nach Bild 64.

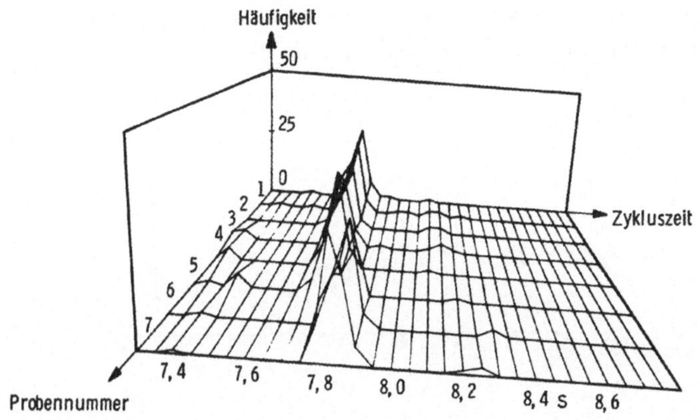

Bild 64: Taktzeitverteilung der Montage- und Prüfstation

5.4.3   Auswahl der Meßsignale bei mehrkanaliger Aufzeichnung

Durch Anwendung des Mehrkanal-Zeiterfassungsgerätes und anschlies-
sender Auswertung sollte die Ursache der stark streuenden Zykluszeit gefunden werden. Aus der Vielzahl der Maschinensignale wurden die verknüpften Signale "Federeinstellung" und "Laschenhand-
habung" (Signale 2 und 3 in Bild 62) herausgegriffen, da sie im
Maschinenablauf die wesentlichsten Teilvorgänge darstellen. Die
Teilvorgänge "Einlauf", "Positionieren", "Ausheben" sowie "Absenken", "Auslauf" wurden wegen ihrer kurzen Dauer (konstant
ca. 0,25 s) als mögliche Verursacher der Schwankungen der Gesamtzykluszeit ausgeschieden und nicht gemessen. Parallel aufgezeichnet wurden deshalb die Signale 1, 2 und 3 (s. Bild 62).

5.4.4   Ergebnisse der mehrkanaligen Auswertung

Die Auswertung ergab, daß die Streuung der Federeinstelldauer
die für die Streuung der Gesamtzykluszeit verursachende Größe
darstellt. Bild 65 zeigt diesen Zusammenhang. Ermittelt wurde

ein Korrelationskoeffizient von r = 0,92. Die Korrelation der
Teilvorgänge 1 mit 3 bzw. 2 mit 3 ergab wesentlich niedrigere
Werte für die Korrelationskoeffizienten.

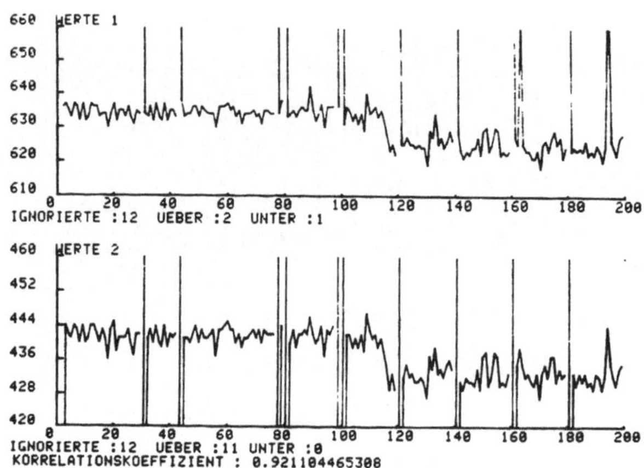

Bild 65: Korrelationsbestimmung zwischen Teilvorgang 1 "Gesamt-
zyklus" (oben) und Teilvorgang 2 "Federeinstellung"
(unten)

(Ordinate: Zeit in s · 10^{-2}, Abszisse: Meßwertnummer)

Damit war der Teilvorgang 2 "Federeinstellung" als Verursacher
der Zykluszeitstreuung ermittelt. In einem weiteren Analyse-
schritt zeigte sich, daß der Suchvorgang des Aufziehwerkzeuges
innerhalb des Teilvorgangs "Federeinstellung" die eigentliche
Ursache darstellt. Hierbei werden die vormontierten Werkstücke
mit unterschiedlicher Drehwinkellage der Wellen bzw. der einge-
legten Federn einem mit langsamer Drehzahl durchgeführten Suchvorgang unterworfen, der mit dem Einrasten des Abgleichwerk-
zeuges in die Aussparung der Welle endet. Je nach Winkellage
ergeben sich hierbei Suchzeiten von 0 bis 0,8 s. Bild 66 zeigt
Werkstücke mit unterschiedlichen Drehwinkellagen. Aufgrund der
entsprechenden Bauvorschrift gefertigten Federn ergibt sich
eine Vorzugslage von ca. 150°.

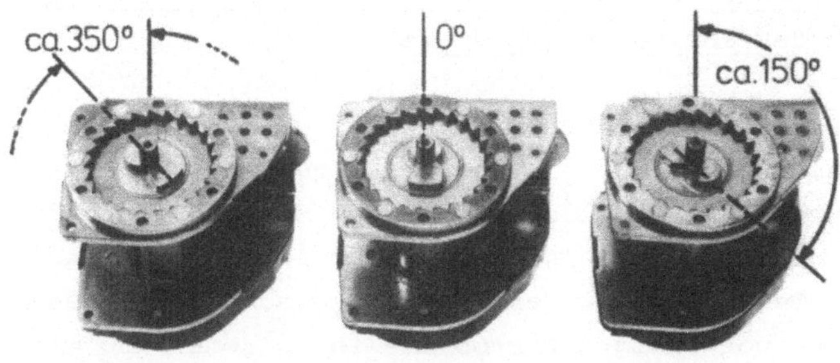

Bild 66: Drehwinkellage der Achswellen
        Links: ungünstiger Fall, ca. 350°
        Mitte: günstiger Fall, 0°,
        Rechts: momentane Vorzugslage, ca. 150°

Eine Rücksprache mit dem Konstrukteur und Federhersteller ergab,
daß durch geringfügige Änderung bei der Federherstellung eine
Vorzugslage von ca. 5° Winkellage möglich ist. Die Auswirkung
dieser, mit praktisch keinen Kosten verbundenen Änderung bei
der Federherstellung wäre eine Reduzierung der Zykluszeit um max.
ca. 12% bzw. vom jetzigen Durchschnittswert ausgehend von ca.
5%.

6 <u>Die rechtlich/soziale Seite beim Einsatz automati-
sierter Überwachungssysteme</u>

Automatisierte Maschinenüberwachungssysteme bieten neben ihrem
Ziel Überwachung von Maschinen oder Anlagen auch die technischen
Voraussetzungen zur Überwachung des Bedien- und Wartungspersonals
(beispielsweise durch Registrierung der Fehlersuch- und Reparatur-
zeit) /81/. Zur Abrundung der Thematik erscheint es deshalb an
dieser Stelle notwendig auf Probleme in Zusammenhang mit § 87
BetrVG einzugehen. § 87.6 beschäftigt sich mit der Einführung
und Anwendung von technischen Einrichtungen, die dazu bestimmt
sind das Verhalten oder die Leistung von Arbeitnehmern zu überwachen.
Zu diesem Thema existiert eine weitläufige Literatur, die in pro
und contra Mitbestimmung einteilbar ist.
Das Aufstellen von automatischen Überwachungsgeräten unterliegt
dem Mitbestimmungsrecht des Betriebsrates in folgenden Fällen:
- bei technischen Einrichtungen, die den Zweck haben, das Verhalten oder die Leistung der Arbeitnehmer zu überwachen /82,
  83,84,85,86,87,88,89/,
- wenn zwar der primäre Bestimmungszweck des Produktographen
  die Maschinenkontrolle ist, der Produktograph aber gleichzeitig eine Überwachung des Verhaltens der Arbeitnehmer ermöglicht und der Arbeitnehmer um diese Möglichkeit weiß /88/,
- wenn eine Kontrolle der technischen Einrichtungen unmittel-
  bar in den Persönlichkeitsbereich der Arbeitnehmer eingreift
  /84/,
- wenn die Höhe des Lohnes bestimmt werden soll /86,89/,
- der Produktograph ist mitbestimmungspflichtig, da er das
  Verhalten und/oder die Leistung der Arbeitnehmer überwacht;
  (eine Überwachung des Verhaltens des Arbeitsnehmers beginnt
  bereits dann, wenn Aufzeichnungen über die Tätigkeit gemacht
  werden oder Einkünfte über seine Tätigkeit eingeholt werden).
  Der Arbeitnehmer kann dieser Überwachung nicht ausweichen
  /87,88/,
- bei der Verwendung einer Fernsehkontrolle oder Überwachung
  der Arbeitnehmer durch Mikrophone /90,91/.

Nicht erforderlich ist die Mitbestimmung:
- bei der Einführung und Anwendung technischer Einrichtungen
  zur Maschinenkontrolle /83,85,86,89,92,93,94/,
- bei gesetzlich vorgeschriebenen Kontrolleinrichtungen /
  -geräten /83,84,92/,
- wenn durch eine Sperrvorrichtung sichergestellt ist, daß
  eine Kontrolle der Arbeitnehmer nicht stattfindet /84/,
- wenn durch den Produktograph zwar das Verhalten oder die
  Leistung der Arbeitnehmer überprüft werden kann, doch davon
  kein Gebrauch bzw. keine Auswertungen gemacht werden; das
  Aufstellen oder das Anbringen von Meßgeräten ist dann allein
  eine Frage des Arbeitsablaufes bei der Arbeits- und Arbeits-
  platzgestaltung /86/ und
- wenn die Produktographenaufstellung der Überwachung der Be-
  triebs- und Maschinenleistung dient /91/.

Zusammenfassend ist eine Mitbestimmung grundsätzlich erforderlich, wenn durch Informationen des automatischen Überwachungssystems:
- die Höhe des Lohnes bestimmt werden soll und
- das Verhalten oder die Leistung des Arbeitnehmers überwacht
  werden soll.
Nicht erforderlich ist eine Mitbestimmung, wenn das Überwachungssystem ausschließlich der Kontrolle der Maschinen dient oder
wenn zwar eine Überwachung der Arbeitnehmer möglich wäre, davon
aber kein Gebrauch gemacht wird oder dies durch entsprechende
Sperrvorrichtungen verhindert wird.

Der Erhöhung der Maschinennutzungszeit durch Verringerung von
technisch und organisatorisch bedingten Nebenzeiten kommt in
Anbetracht von erkennbaren oder erreichten technologischen
Grenzen des jeweiligen Fertigungsprozesses besondere Bedeutung
zu. Überwachungssysteme auf der Maschinenebene liefern die Voraussetzungen zur Anwendung von nutzungserhöhenden Maßnahmen.

In dieser Arbeit werden automatisierte Überwachungsverfahren zur
Maschinenfehlerdiagnose und -zustandsüberwachung von elektrisch
gesteuerten Fertigungseinrichtungen mit prozeßabhängiger Ab-
laufsteuerungsstruktur untersucht. Diese Untersuchungen werden
exemplarisch an einem, in die Steuerung integrierten Überwachungssystem zur Fehlerdiagnose und einem, getrennt von der
Steuerung realisierten System zur Zustandsüberwachung durchgeführt.

Bei speicherprogrammierbaren Steuerungen (SPS) können zusätzliche Überwachungsprogramme zur externen Fehlerdiagnose im
freien Teil des Programmspeichers programmiert werden. Am Beispiel einer SPS mit Wortstruktur werden modulare Programmbausteine zur Überwachung von Eingangs- und Ausgangssignalen sowie
als Kombination von Arbeitseinheiten vorgestellt, verglichen und
die Grenzen der Fehlererkennung aufgezeigt. Dabei zeigt sich,
daß keines der einzelnen Verfahren geeignet ist, alle möglichen
Fehler zu erkennen. Davon ausgehend wird das Verfahren der kontinuierlichen Überwachung entwickelt, bei dem die Sollwerte der
Signalgeber über den gesamten Maschinenzyklus vorgegeben und Signaländerungen nur in definierten Übergangsbereichen zulässig sind.
Darüber hinaus werden Programme für weitergehende Überwachungen
wie Zeitmessung, Trendermittlung, Mittelwert- und Häufigkeitsbe-
rechnungen und für Aufbau und Ausgabe von Klartext-Meldungen vorgestellt. Dabei wird gezeigt, daß SPS-intern leistungsfähige und
im Einzelfall speicherplatzminimierte Überwachungsverfahren grundsätzlich möglich und durch die Vermeidung von zusätzlichem Instal-
lationsaufwand auch wirtschaftlich sinnvoll sind.

Bei Fertigungseinrichtungen mit der Steuerungsstruktur von prozeßabhängigen Ablaufsteuerungen stellt die Ausführungsdauer von
einzelnen Vorgängen, Schritten oder die Maschinenzykluszeit eine
direkt meßbare Maschinenzustandsgröße dar. Die Analyse von Ausführungszeiten über einen längeren Zeitraum liefert in der Zeitebene ein Bild, das den Maschinenzustand charakterisiert. Die
Grundlagen solcher Zeitanalysen, der Einfluß der Steuerungsstruktur und Realisierungs- und Anwendungsmöglichkeiten werden untersucht. Auf der Basis eines Tischrechners mit Graphik-Bildschirm
werden geräte- und programmtechnische Lösungen für ein- und mehrkanalige Zeitanalyse-Systeme vorgestellt. Für den praktischen
Einsatz hat sich insbesondere die mehrkanalige Zeitanalyse zur
Ermittlung von Auswirkungen und Einflußbereich von Fehlern bzw.
Unregelmäßigkeiten innerhalb von Fertigungseinrichtungen durch
Korrelationsbestimmung bewährt.

Die praxisnahe Anwendung steht bei den beschriebenen Überwachungsverfahren im Vordergrund. Neben Erkenntnissen aus Labor-
versuchen wird über die, beim praktischen Industrieeinsatz vor
Ort erzielten Ergebnisse berichtet.

Automatisierte Überwachungssysteme bieten neben dem Ziel Überwachung von Maschinen auch die technischen Voraussetzungen zur
Überwachung von Bedien- und Wartungspersonal. Parallel zur technischen Abhandlung werden deshalb einige, für den praktischen
Einsatz wichtige rechtliche und soziale Aspekte behandelt.

Weiterführende Arbeiten bei der Zustandsüberwachung durch Zeitanalyse sind der Untersuchung von Symptombildern und darauf auf-
bauend einer automatischen Beurteilung von Abweichungen sowie
der Entwicklung von "Low-Cost-Geräten" und dem Einsatz von
Farbgraphik vorbehalten.

Schrifttum

/1/   Delphi Forecast of Manufacturing Technology "Manufacturing
        Management". May 1978, Society of Manufacturing Engineers,
        University of Michigan.

/2/   Delphi Forecast of Manufacturing Technology "Assembly".
        May 1978, Society of Manufacturing Engineers,
        University of Michigan.

/3/   Colding, B. u.a.: Zukunftsstudie über Fertigungssysteme
        und -verfahren.
        Werkstatt und Betrieb 112 (1979) Nr. 5, S. 299...305.

/4/   o.V.: Fertigungstechnik in der Elektroindustrie.
        Zentralverband der Elektrotechnischen Industrie e.V.
        Frankfurt/Main 1980.

/5/   VDI 3005: Organisation der Instandhaltung. Oktober 1977.

/6/   VDI 3010: Instandhaltung der elektrischen Einrichtungen
        an Produktionsmaschinen und -anlagen. Januar 1978.

/7/   DIN 1319: Grundbegriffe der Meßtechnik Blatt 1.
        November 1971.

/8/   VDI 3260: Funktionsdiagramme von Arbeitsmaschinen und
        Fertigungsanlagen. Juli 1977.

/9/   DIN 40041: Zuverlässigkeit elektrischer Bauelemente,
        Begriffe. Vornorm Oktober 1967.

/10/   DIN 40042: Zuverlässigkeit elektrischer Geräte, Anlagen
        und Systeme, Begriffe. Vornorm Juni 1970.

/11/   Stöferle, T.; Hohmann, H.; Stute, G.; Schwager, J.:
        Interne-Externe Diagnosesysteme. wt-Z. ind. Fertig. 66
        (1976) Nr. 9, S. 493...496.

/12/   Isermann, R.: Methoden zur Fehlererkennung für die Über-
        wachung technischer Prozesse.
        VDI-Berichte Nr. 364, 1980, S. 7...16.

/13/   Hohmann, H.: Automatische Überwachung und Fehlerdiagnose
        an Werkzeugmaschinen. Dissertation Technische Hochschule
        Darmstadt, 1977.

/14/   Siebert, H.: Automatische Fehlerdiagnose in technischen
        Prozessen - Literaturübersicht -.
        KFK-PDV 8, August 1973, Ges. f. Kernforschung, Karlsruhe.

/15/   Brankamp, K.: Produktion in Geisterschicht - Prozeß-
        überwachung an Maschinen der Massenfertigung.
        GT Bd. 31 Verlag Girardet, Essen 1978.

/16/   Brankamp, K.; Bongartz, B.: Automatisierte Prozeßüberwa-
        chung an Produktionsmaschinen der Massenfertigung.
        Angewandte Systemanalyse Band 1, Heft 2 (1980),
        TÜV Rheinland S. 95...102.

/17/   Syrbe, M.: Messen, Steuern, Regeln mit Prozeßrechnern.
         Akademische Verlagsgesellschaft, Frankfurt/Main 1972.

/18/   Mühlenfeld, E.: Über den Beitrag stochastischer Verfahren
         zur Prozeßüberwachung und Schadensfrüherkennung.
         Angewandte Informatik 1976, Heft 3, S. 109...114.

/19/   Isermann, R.: Prozeßidentifikation.
         Springer-Verlag Berlin, Heidelberg, New York 1974.

/20/   Stute, G.; Klemm, P.; Plasch, D.: Prüf- und Diagnosesystem
         für eine CNC.
         wt-Z. ind. Fertig. 70 (1980), S.535...538.

/21/   Kup, B.: Möglichkeiten der Systementwicklung mit Mikro-
         prozessoren.
         KFK-PDV 101, Januar 1977, Gesellschaft für Kernfor-
         schung, Karlsruhe, S. 379...393.

/22/   Stöferle, T.: Automatische Überwachung und Fehlerdiagnose
         an Werkzeugmaschinen.
         VDW-Forschungsbericht 0407, Heft 2, Januar 1978,
         Institut für Technologie und Werkzeugmaschinen,
         Technische Hochschule Darmstadt.

/23/   Köcher, K.; Brose, K.; Hohmann, H.: Diagnoseeinrichtung
         für eine Nockenformschleifmaschine.
         Werkstatt und Betrieb 111 (1978) 2, S.101...104.

/24/   Kopp, H.: Fehlererfassung und Fehlerdiagnose an hochauto-
         matisierten Fertigungeinrichtungen.
         Tagungsband "Automatische Überwachung fertigungstechnischer
         Prozesse" vom 16. März 1978, S. 55...73
         Lehrstuhl und Laboratorium für Technologie und Werkzeug-
         maschinen Prof.Dr.Ing. Th.Stöferle.

/25/   Weggen, E.: System Diagnose für numerisch gesteuerte Bohr-
         und Fräsmaschinen und Bearbeitungszentren.
         Tagungsband "Automatische Überwachung fertigungstechnischer
         Prozesse" vom 16. März 1978, S. 21...42, Lehrstuhl und
         Laboratorium für Technologie und Werkzeugmaschinen
         Prof.Dr.Ing. Th.Stöferle.

/26/   Geiger, E.: Programmierbares Steuerungssystem mit guten
         Ausbáumöglichkeiten.
         ZwF 72 (1977) 8, S. 380...386.

/27/   Weck,H.; Klingenberg, G.: Speicherprogrammierbare Steue-
         rungen (SPS), eine Marktübersicht. VDI-Z 121, 1979,
         Nr. 17, S. 171...197.

/28/   Steudel, W.: Reduzierte Stillstandszeiten / Automatische
         Störungsdiagnose einer Fertigungsstraße.
         Elektrotechnik 61, Heft 8, 27. April 1979, S. 21...24.

/29/   Fuchs, B.: PC-Einsatz bei Fertigungseinrichtungen im
        Fahrzeug-Rohrbau.
        VDI-Bericht Nr. 357, 1979 S. 95...99.

/30/   Schwager, J.: Externe Diagnosesysteme für PC-gesteuerte
        Maschinen.
        Industrieanzeiger 102 (1980) 11, S. 21...22.

/31/   Neale, M.J.; Woodley, P.J.: Condition Monitoring Methods
        and Economics.
        Druckschrift der Firma Bruel und Kjaer, Naerum, Dänemark
        1979.

/32/   Kolerus, J.: Schadensverhütung durch Zustandsüberwachung
        - Methoden und Geräte.
        Der Konstrukteur 1-2/1978, S.50...57 und
        Der Konstrukteur 3/1978, S. 6...12.

/33/   Neale, M. and Associates: A Guide to the Condition Moni-
        toring of Maschinery.
        Her Majesty's Stationary Office, London, 1979.

/34/   Sata, T.; Tagiguchi, K.: Optimum Design of the Monitoring
        System in Automated Manufacturing.
        CIRP Proceedings Vol. 3, 1974 S. 193...203.

/35/   Bendeich, E.: Auswahl und Einsatz von Datenerfassungs-
        Verfahren für den Produktionsbereich.
        Dissertation Universität Stuttgart 1976.

/36/   Lüttke, H.: Automatische Prozeßüberwachung an Produktions-
        schweißmaschinen.
        FhG-Berichte 1 (1980), Fraunhofer-Gesellschaft, München,
        S. 63...68.

/37/   Collacott, R.H.: Mechanical Failure - Diagnosis and
        Monitoring.
        I. Mech. E. 1976, CME July 1976, S. 63...69.

/38/   Weise, D.: Datenerfassung im Produktionsbereich.
        Maschinen-Anlagen-Verfahren, Heft 5 1980, S. 25...28.

/39/   Warnecke, H.J.; Dauser, R.: Im Vorfeld der EDV.
        Betriebstechnik 5/1979, S. 91...94.

/40/   Warnecke, H.J.; Gentner, R.: Gestaltung von Informa-
        tionssystemen zur kurzfristigen Fertigungssteuerung.
        FB/IE 29 1980, Heft 6, S. 363...371.

/41/   Mohr, H.: Einsatzbeispiele für ein dezentrales Betriebs-
        datenerfassungs- und Kommunikationssystem.
        VDI-Seminar Betriebsdatenerfassung, Stuttgart 19.-
        20.03.1980.

/42/   Pfeifer, T.; Bäck, U.: Betriebsdatenerfassung und Ferti-
        gungsüberwachung im Rahmen eines DNC-Systems.
        Industrieanzeiger 95 (1973) 87, S. 2000...2003.

/43/   Bäck, U.: Rechnerunterstützte Betriebsdatenerfassung
        und Fertigungslenkung.
        Verlag W. Giradet, Essen 1977.

/44/   Stute, G. u.a.: Grundlagen der Prozeßautomatisierung
        für die Fertigung / Prozeßsteuerung (Steuerung
        flexibler Fertigungssysteme).
        KFK-PDV 107, Februar 1977, Gesellschaft für Kernforschung,
        Karlsruhe.

/45/   Stute, G.; Döttling, W.; Wörn, A.: Betriebsdatenerfassung
        in flexiblen Fertigungssystemen.
        wt-Z. ind. Fertig. 66 (1976), Nr. 1, S. 1...6.

/46/   Stute, G. u.a.: Informationsverarbeitung in flexiblen
        Fertigungssystemen.
        CIRP Proc. Vol. 5 1976, S. 183...202.

/47/   Wörn, H.: Beitrag zur Struktur und zum Aufbau modularer
        Steuersysteme mit standardisierbaren Schnittstellen.
        Dissertation Universität Stuttgart, 1979.

/48/   Bäck, U.: Betriebsdatenerfassung, Kommunikations- und
        Datenerfassungsprobleme in rechnergeführten Fertigungs-
        anlagen.
        KFK-PDV 27, Oktober 1974, Gesellschaft für Kernforschung,
        Karlsruhe.

/49/   Autorenkollektiv: Grundlagen der Prozeßautomatisierung
        für die Fertigung.
        KFK-PDV 86, August 1976,
        Gesellschaft für Kernforschung, Karlsruhe.

/50/   Bloch, H.P.: Development and Experience with Computerized
        Acoustic Incipient Failure Detection (IFD) Systems.
        ASME Pap. n. 77-Pet-2 for MEET, Sep. 1977, S. 18...22.

/51/   Surrey, F.: Schadensfrüherkennung durch Schwingungs-
        messungen.
        Produktion, 26. März 1981, Nr. 13, S. 31.

/52/   Gwinner, K.: PDV-Entwicklungsnotizen, Modellbildung tech-
        nischer Prozesse unter besonderer Berücksichtigung der
        bei Regelung und Überwachung benötigten Modellvereinfachung.
        PDV-KFK E 51, Februar 1975, Kernforschungszentrum Karlsruhe.

/53/   Schützenauer, H.D.: Einsatzerfahrungen und Anforderungen
        an programmierbare Steuerungen (PC) in der Automobil-
        industrie.
        VDI-Berichte 327, 1978, S. 123...125.

/54/   DIN 19235: Meldung von Betriebszuständen. Entwurf
        Oktober 1980.

/55/   Weinrich, D.W.: Sprachsynthese-Bausteine erzeugen natür-
        lichen Klang. Elektronik 1980, Heft 14, S. 54...58.

/56/   Eißler, W.: Studie über ein automatisches Maschinen-
        überwachungs-System. IPA, Stuttgart 1978.

/57/   Stute, G.: Der Einfluß neuer Steuerungsentwicklungen auf
        die Fertigungstechnik.
        wt-Z. ind. Fertig. 70 (1980), S. 261...271.

/58/   Stute, G.: Steuerungstechnik I, Umdruck zur Vorlesung.
        Institut für Steuerungstechnik der Werkzeugmaschinen
        und Fertigungseinrichtungen, 1977.

/59/   Hahn, R.; Schleemilch, W.; Ummelmann, U.: Speicherpro-
        grammierte Steuerungen im Maschinenbau: Anforderungen
        und Lösungen.
        VDI-Berichte Nr. 364, 1980, S. 93...99.

/60/   König, H.: Beitrag zur Strukturanalyse und zum Entwurf
        von Steuerungen für Fertigungseinrichtungen.
        Dissertation Universität Stuttgart, 1976.

/61/   Goedecke, W.D.: Möglichkeiten zur Steuerung und Regelung
        pneumatischer Antriebe.
        4. Aachener Fluidtechnisches Kolloqium, Fachgebiet
        Pneumatik, 18. bis 20. März 1980,
        Verein zur Förderung der Forschung und Anwendung der
        Hydraulik und Pneumatik e.V., Aachen.

/62/   Janning, W.: PC-Steuerungen mit überwachten Eingängen und
        Ausgängen.
        Technisch-wissenschaftliche Veröffentlichung VER 27-665
        Fa. Klöckner-Moeller, Bonn.

/63/   ohne Verfasser: Handbuch Bulletin 1774 PLC, Fa. Allen-
        Bradley, Haan 2 - Gruiten.

/64/   ohne Verfasser: Handbuch Bulletin 1772 Mini PLC-2,
        Fa. Allen-Bradley, Haan 2 - Gruiten.

/65/   Jung, R.: Programmbausteine zur Maschinenüberwachung.
        Universität Stuttgart, Institut für Industrielle
        Fertigung und Fabrikbetrieb, Studienarbeit 101/1089, 1980.

/66/   Klemenz, D.: Beschreibung von Steuerungsaufgaben. Vortrag
        VDI-Lehrgang: Pneumatische Ablaufsteuerungen (Taktketten),
        Stuttgart 4.-6.12.1980.

/67/   DIN 19237: Steuerungstechnik, Begriffe. Vornorm
        Februar 1980.

/68/   Frühauf, W.: Entwicklung von Auswerteprogrammen zur on-
        line Maschinenzustandsüberwachung. Universität Stuttgart,
        Institut für Industrielle Fertigung und Fabrikbetrieb,
        Studienarbeit 101/1121, 1981.

/69/   DIN 55302: Statistische Auswertungsverfahren, Häufigkeits-
        verteilung, Mittelwert und Streuung,   Blatt 1.
        November 1970.

/70/   Encarnacao, Jose L.: Computer Graphics.
        Oldenbourg Verlag, 1975.

/71/   Wehrmann, W.; u.a.: Real-time-Analyse.
         Kontakt & Studium Bd. 35, Lexika-Verlag, Grafenau, 1979.

/72/   Wehrmann, W.; u.a.: Korrelationstechnik.
         Kontakt & Studium Bd. 14, Expert-Verlag, Grafenau, 1977.

/73/   Hengst, M.: Einführung in die mathematische Statistik
         und ihre Anwendungen.
         B.I.-Hochschultaschenbücher, Bd. 42
         Bibliografisches Institut, Mannheim, 1967.

/74/   Hein, O.: Statistische Verfahren der Ingenieurpraxis
         B.I.-Hochschultaschenbücher. Bd. 119
         Bibliografisches Institut, Mannheim, 1978.

/75/   Eißler, W.: Automatische Überwachung einer Fertigungs-
         linie.
         ZwF 75 (1980) 8, S. 384...387.

/76/   Eißler, W.: Automatic Production Line Machinery Super-
         vision using a Programmable Controller.
         Vortrag anläßlich der 4. International Conference on
         Automated Inspection and Product Control, Chicago, USA,
         07. bis 09. November 1978.

/77/   Autorenkollektiv: Automatische Montagelinie für Sicher-
         heitsgurte.
         FhG-Berichte 1 (1980),
         Fraunhofer-Gesellschaft, München, S. 42...52.

/78/   Warnecke, H.J.; Eißler, W.: Maschinenzustandsüberwachung
         durch Taktzeitanalyse.
         wt-Z. ind. Fertig. 71 (1981) Nr. 3, S. 133...136.

/79/   DIN 66201: Prozeßrechensysteme, Begriffe. Entwurf April
         1979.

/80/   Krebietke, M.: Datenerfassungsgerät zur off-line Zeit-
         analyse.
         Universität Stuttgart, Institut für Industrielle Ferti-
         gung und Fabrikbetrieb, Studienarbeit 101/1115, 1981.

/81/   Stöferle, Th.: Automatische Überwachung und Fehler-
         diagnose an Werkzeugmaschinen.
         VDW-Forschungsbericht 0407, Heft 1, April 1976, S. 7,
         Institut für Technologie und Werkzeugmaschinen,
         Technische Hochschule, Darmstadt.

/82/   Halberstadt-Zander: Handbuch des Betriebsverfassungsrechts.
         2. Auflage, Köln-Marienburg 1972, S. 184.

/83/   Stege-Weinspach: Betriebsverfassungsgesetz, Handbuch für
         die betriebliche Praxis. Deutscher Instituts-Verlag GmbH
         Köln 1978, S. 301...303.

/84/   Kammann-Hess-Schlochauer: Kommentar zum Betriebsverfas-
         sungsgesetz 1979. Luchterhand Neuwied, Darmstadt, 1979,
         S. 856...858.

/85/   Monjau, H.: Die Mitbestimmung bei Arbeitskontrollgeräten.
        Der Betriebs-Berater 1964, Verlagsgesellschaft Recht und
        Wirtschaft, Heidelberg, S. 887...890.

/86/   Stadler, H.: Die Mitbestimmung des Betriebsrats nach dem
        neuen Betriebsverfassungsgesetzen in Fragen der Lei-
        stungsentlohnung.
        Der Betriebs-Berater 1972 Nr. 6, Verlagsgesellschaft
        Recht und Wirtschaft, Heidelberg, S. 800...803.

/87/   Arbeitsgericht Berlin, Beschluß vom 25.1.1973:
        Mitbestimmung des Betriebsrats bei der Aufstellung von
        Produktographen.
        Der Betriebs-Berater 1973, Nr. 2, Verlagsgesellschaft
        Recht und Wirtschaft, Heidelberg, S. 288...291.

/88/   ohne Verfasser: Die Einführung eines Produktographen ist
        gem. § 87 Abs. 1 Nr. 6 BetrVG mitbestimmungspflichtig.
        Der Betrieb 1973 Nr. 7, Handelsblatt Gmbh, Düsseldorf
        S. 387...388.

/89/   Gaul, D.: Rechtsfragen bei der Anwendung betrieblicher
        Kontrollgeräte.
        Der Betriebs-Berater 1960 Nr. 14, Verlagsgesellschaft
        Recht und Wirtschaft, Heidelberg, S. 559...562.

/90/   Fitting-Kraegeloh-Auffarth: Betriebsverfassungsgesetz
        nebst Wahlordnung, Handkommentar für die Praxis 8. Aufl.
        Berlin-Frankfurt a.M., Verlag Franz Vahlen 1968.

/91/   Galperin, H.: Das Betriebsverfassungsrecht 1972.
        Leitfaden für die Praxis Heft 44, Heidelberg, S. 107.

/92/   Gnade-Kehrmann-Schneider: Betriebsverfassungsgesetz
        Kommentar für die Praxis 1973. Bund-Verlag, Köln 1973.

/93/   Schäcker, H.: Arbeitsrechtliche Fragen bei Einsatz eines
        Produktographen.
        Der Betrieb 1961, Nr. 27, Handelsblatt GmbH, Düsseldorf
        S. 914...916.

/94/   ohne Verfasser: Zur Frage der Anbringung betrieblicher
        Kontrollgeräte.
        Der Betriebs-Berater 1960 Nr. 16, Verlagsgesellschaft
        Recht und Wirtschaft, Heidelberg, S. 627.

/95/   Warnecke, H.J.; v. Stetten, R.: Puffer gegen Störungen
        in automatischen Fertigungslinien.
        wt-Z. ind. Fertig. 65 (1975), S. 677...682.

IPA Forschung und Praxis
Schriftenreihe aus dem Institut für Produktionstechnik und
Automatisierung, Stuttgart

Herausgeber: Prof. Dr.-Ing. H. J. Warnecke

IPA Forschung und Praxis

Berichte aus dem Fraunhofer-Institut für Produktionstechnik und Automatisierung, Stuttgart, und dem Institut für Industrielle Fertigung und Fabrikbetrieb der Universität Stuttgart

Herausgeber: Prof. Dr.-Ing. H. J. Warnecke

Die Berichte 38 und folgende sind zu beziehen durch den Springer-Verlag, Berlin Heidelberg New York

IPA Forschung und Praxis

Berichte aus dem Fraunhofer-Institut für Produktionstechnik und Automatisierung, Stuttgart, und dem Institut für Industrielle Fertigung und Fabrikbetrieb der Universität Stuttgart

Herausgeber: Prof. Dr.-Ing. H. J. Warnecke

56 **Beitrag zur systematischen Planung der Qualitätsprüfung bei Klein- und Mittelserienfertigung**
Von Herbert Babic. ISBN 3-540-11325-8
1982, 108 Seiten mit 38 Abbildungen und 7 Tabellen.   53.— DM

57 **Methode zur rechnerunterstützten Einsatzplanung von programmierbaren Handhabungsgeräten**
Von Uwe Schmidt-Streier. ISBN 3-540-11355-X.
1982, 188 Seiten mit 72 Abbildungen.   53.— DM

58 **Werkstoff- und Energiekennwerte industrieller Lackieranlagen, am Beispiel der Automobilindustrie**
Von Rainer Manfred Thiel. ISBN 3-540-11356-8.
1982, 116 Seiten mit 59 Abbildungen. 53.— DM

59 **Maßnahmen zum Verbessern der pneumatischen Lackzerstäubung – Teilchengrößenbestimmung im Spritzstrahl –**
Von Klaus Werner Thomer. ISBN 3-540-11507-2.
1982, 162 Seiten mit 94 Abbildungen und 1 Tabelle.   53.— DM

60 **Ermittlung und Bewertung von Rationalisierungsmaßnahmen im Produktionsbereich**
Von Jürgen Schilde. ISBN 3-540-11730-X.
1982, 158 Seiten mit 57 Abbildungen.   53.— DM

61 **Untersuchung von Verfahren der Reihenfolgeplanung und ihre Anwendung bei Fertigungszellen**
Von Mohamed Osman. ISBN 3-540-11747-4.
1982, 124 Seiten mit 32 Abbildungen und 3 Tabellen.   53.— DM

62 **Ein Simulationsmodell zur Planung gruppentechnologischer Fertigungszellen**
Von Volker Saak. ISBN 3-540-11747-4.
1982, 134 Seiten mit 53 Abbildungen.   53.— DM

63 **Verfahren zur technischen Investitionsplanung automatisierter Fertigungsanlagen**
Von Günter Vettin. ISBN 3-540-11747-4.
1982, 134 Seiten mit 63 Abbildungen.   53.— DM

64 **Pneumatische Sensoren zur prozeßsimultanen Messung des Werkzeugverschleißes und zur Kollisionsvermeidung beim Messerkopffräsen**
Von Wolfgang Jentner. ISBN 3-540-11747-4.
1982, 126 Seiten mit 47 Abbildungen und 6 Tabellen.   53.— DM

65 **Rechnerunterstützte Gestaltung ortsgebundener Montagearbeitsplätze, dargestellt am Beispiel kleinvolumiger Produkte**
Von Eberhard Haller. ISBN 3-540-12015-7.
1982, 130 Seiten mit 43 Abbildungen.   53.— DM

66 **Fernsehüberwachung von Schutzgasschweißvorgängen mit abschmelzender Elektrode MIG – MAG**
Von Ruprecht Niepold. ISBN 3-540-12181-7.
1983, 178 Seiten mit 73 Abbildungen und 5 Tabellen.   58.— DM

67 **Entwicklung flexibler Ordnungssysteme für die Automatisierung der Werkstückhandhabung in der Klein- und Mittelserienfertigung**
Von Karl Weiss. ISBN 3-540-12455-1.
1983, 116 Seiten mit 68 Abbildungen.   58.— DM

68 **Automatisierte Überwachungsverfahren für Fertigungseinrichtungen mit speicherprogrammierten Steuerungen**
Von Werner Eißler. ISBN 3-540-12456-X.
1983, 128 Seiten mit 66 Abbildungen.   58.— DM

69 **Prozeßüberwachung beim Galvanoformen**
Von Jürgen Wilhelm Böcker. ISBN 3-540-12457-8.
1983, 118 Seiten mit 32 Abbildungen.   58.— DM